最强大脑

鸿雁 编著

吉林文史出版社
JILIN WENSHI CHUBANSHE

图书在版编目（CIP）数据

最强大脑 / 鸿雁编著. -- 长春：吉林文史出版社，
2018.11（2024.7 重印）

ISBN 978-7-5472-5701-2

Ⅰ.①最… Ⅱ.①鸿… Ⅲ.①思维方法Ⅳ.①B804

中国版本图书馆CIP数据核字(2018)第258942号

最强大脑

出 版 人　张　强
编 著 者　鸿　雁
责任编辑　陈春燕
封面设计　韩立强
出版发行　吉林文史出版社
地　　址　长春市净月区福祉大路5788号出版大厦
印　　刷　天津海德伟业印务有限公司
版　　次　2018年11月第1版
印　　次　2024年7月第5次印刷
开　　本　880mm×1230mm　　1/32
字　　数　212千
印　　张　8
书　　号　ISBN 978-7-5472-5701-2
定　　价　38.00元

目 录
CONTENTS

第一篇　快速记忆就是科学用脑

第二篇　逻辑思维：一切思考的基础

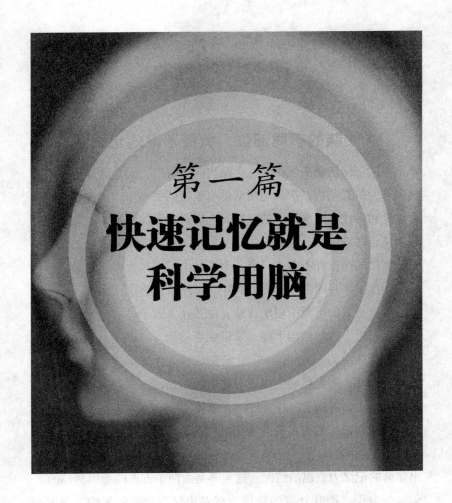

第一篇

快速记忆就是科学用脑

第一章
记忆与大脑

大脑的不同部位，负责不同的记忆

人的记忆活动虽然都是在大脑当中进行的，但是这并不是说大脑内部的所有结构，都和记忆活动有紧密的关系。由于神经心理学的研究和现代脑成像技术的发展，人们对记忆的结构和通路的研究有了长足的发展。经过人们的研究发现，在大脑内部，与记忆活动关系密切的部位并不多，只有几个，其中记忆过程中起到最关键作用的部位主要有四个，分别是颞叶、杏仁核、额叶和丘脑。

颞叶是人的听觉中枢所在地，位置在大脑半球的外侧方，从前下方斜向后上方的侧沟下侧，靠近颞骨的地方，颞叶与记忆以及人的某些精神活动有关。例如一个清醒的病人，如果用无害的微弱电流刺激颞叶，病人可能会出现对往事的回忆，以及产生特异的幻觉等情况，比如听到了以往听过的音乐等。

颞叶和记忆的关系最为密切，一旦颞叶受到损伤，人就会失去长时记忆的能力，不论是视觉记忆还是听觉记忆，病人必然会表现出显著的记忆力衰退的情况。这主要是由两个方面的原因造成的。

一方面，颞叶外侧的新皮质层对记忆有重要的影响。研究表明，两侧颞叶新皮质层受损所产生的影响是不同的：如果左侧颞叶被切除，人的言语记忆会产生影响；而如果右侧颞叶被切除，人们对复杂几何图形的记忆、无意义的图形的学习和回忆、面貌以及声

2

音的回忆都会严重受损。

另一方面，因为颞叶的内侧是海马结构，海马在长时记忆中扮演着重要的角色，主要就是用来固化长时记忆。一旦海马受到损伤，人就会产生记忆障碍，并且损伤越严重，记忆障碍就越严重。研究表明，左右两侧的海马单方面损伤造成的记忆障碍是不同的，在性质上有明显的差异。左侧海马的损伤会直接损害言语材料、数字以及无意义的音节的记忆；右侧海马的损伤则严重影响非言语材料的记忆、面貌的记忆、空间位置的记忆。

在大脑内部，影响记忆先后顺序的部位是额叶。曾经有人用两个实验证明了额叶在时间先后的记忆上发挥着至关重要的作用。第一个实验是用非语言刺激进行的实验，主要材料是照片、图画等。第一步是呈现出一系列配对的图片，要求被测试者记忆；第二步是出示一些配对的图片，要求被测试者指出这些配对的图片有没有在之前出现过，如果出现过，就必须指出这些图片出现的先后顺序。实验结果表明，在图片的再认和回忆上，右颞叶损伤者出现了轻微的衰退现象，右额叶损伤者则表现正常；在先后次序上，额叶损伤者出现了显著的记忆缺失，特别是右额叶损伤者的记忆缺损状况最为严重。第二个实验是用一系列配对的词语，进行了相似的实验。结果表明，回忆词语是否出现过，颞叶受到损伤的人会出现一些障碍，而额叶损伤者的表现则完全正常；但是在先后次序的记忆上，额叶受到损伤的人，特别是左额叶损伤者，出现了十分明显的记忆障碍现象。

研究表明，遗忘症患者会出现脑萎缩的现象，同时，乳头体坏死和丘脑背内侧的某些损伤同样会出现在遗忘症患者身上，因此可以证明，遗忘症的出现和丘脑的损伤有明确的关系，也就是说，丘脑在记忆活动的过程中，也扮演着重要的角色。另外，在回忆过程中，丘脑也起到了重要的作用。在人们认识环境的过程中，特异性丘脑部位能够激活特异性皮层区域，这种情况下，一个人就会把它的注意力，引向储存记忆库。

杏仁核在记忆过程中，同样起着很重要的作用，它的主要作用是把感觉体验转化为记忆，促进记忆的会合。杏仁核复合体会沿着记忆系统中的一段通路和丘脑联系，把感觉输入信号汇集起来的神经纤维，送入与情绪有关的丘脑下部，因此它和皮层的所有感觉系统存在着直接的联系。一旦杏仁核被认为切除或受到损害，就会破坏视觉信息和触觉信息的汇聚，使人的辨别能力严重下降，这说明杏仁核在正常情况下会在联系不同感觉所形成的记忆中，发挥重要作用。

与记忆有关的生理单元

随着脑神经生理学的发展，有关记忆的研究越来越深入。研究表明，记忆不单单是和大脑皮层中的某些部位有密切的关系，同时和人的大脑中的某些生理单元也有着很紧密的关系。其中包括刺激痕迹、突触结构、核糖核酸、反响回路以及脑内代谢物。

刺激痕迹是指大脑在受到外界各种信息的刺激之后，会产生一种具有电流性质的痕迹，这种痕迹在经过多次强化之后，产生化学性质和组织上的变化，最终形成记忆的烙印。这种记忆痕迹和烙印，并不是固定在特定的部位，它是活动的。也就是说，刺激痕迹是形成记忆的基础。虽然这种说法并没有说明记忆的本质，但是观点本身是有一定的道理的。

突触结构的变化是长时记忆的生理基础。刺激的持续作用会使神经元的突触发生变化，比如神经元末梢的增大，树突的增多和边长，突触的间隙变窄，相邻的神经元因为突触内部的变化更容易相互影响等。曾经有人做过一个实验：将一窝刚生下的小白鼠分成两组，一组在有各种设备和玩具、内部非常丰富的环境中饲养，另一组则放在没有任何设备和玩具、贫瘠的环境中饲养。一个月之后，发现在内部丰富的环境中饲养的小白鼠大脑皮层的重量和弧度增加多一些，突触数目也增加很多，大脑中和记忆有关的化学物质浓度很高，学习行为很好。正是因为这个实验的结果，人们才认为突触结构的变化是长时记忆的生理基础。

反响回路是指神经系统中，皮层和平层下组织之间，存在的某种闭合的神经环路。当外界信息输入到大脑中之后，会对大脑产生一定的刺激，这种刺激会作用于环路的某一部分，使回路产生神经冲动。但是，在信息不再向大脑输入之后，也就是刺激停止之后，神经冲动却并没有停止，而是继续在回路中往返传递一段时间，而这段时间恰好就相当于短时记忆在大脑中储存的时间。因此，这种反响才被称为短时记忆的胜利基础。有研究者通过实验的方式来支持这种说法。研究者把白鼠分成两组，分别是实验组和控制组。首先让控制组建立起躲避反应，即把控制组放在一个窄小的台子上，让它总想着跳下来，同时台子下面通电，只要白鼠跳下来，就会被电流刺激，逼迫它跳回高台。经过一段时间的训练之后会发现，白鼠在台子上待的时间越来越长。这说明在反复的刺激后，白鼠形成了"台子下面有电"的记忆。这时候再次破坏白鼠的记忆，可以采用电击等方式，待到白鼠恢复正常后，重新进行之前的实验，发现它在台子上的时间依然较长，这就说明白鼠的长时记忆没有被破坏。随后让实验组的白鼠也形成躲避反应，并立即让它进入电休克状态，在恢复正常之后重新进行实验，发现它会立即从台子上向下跳，这说明白鼠失去了记忆。这种事实就说明电休克可能破坏躲避反应的回路，产生遗忘。所以说，反响回路是短时记忆的生理基础。

核糖核酸是记忆的物质基础。随着分子生物学兴起，人们对大脑活动过程中，生物大分子所起的作用的研究，取得了较大的进展，这就为在分子水平上揭示记忆之谜打下了基础。研究人员发现，因为学习和记忆引起的神经活动，会改变与之相关的那些神经元内部核糖核酸的细微化学结构，这就说明个体记忆经验是由神经元内的核糖核酸的分子结构来承担的。为了证明这个观点，研究人员做了两个实验：一个是瑞典神经生物化学家海登训练小白鼠走钢丝，成功之后对小白鼠进行解剖，发现小白鼠大脑内和平衡活动有关的神经元的核糖核酸含量明显增加；另一个实验是将抑制核糖核酸的化学物质，注射到动物脑内，发现动物的学习能力显著减退或完全消失。

乙酰胆碱对突触部位的化学变化有很大影响，它是由外界刺激之后的神经细胞的轴突末梢分泌的。它和游离钙发生反应，从而保证了神经冲动传递的通畅。这就说明，突触部位钙的堆积，会导致记忆力的衰退。还有研究表明，大脑中的五羟色胺拥有量的多少对记忆力有一定的影响，五羟色胺的水平下降，记忆力水平就会失调。

记忆的神经机制

人们的记忆能力和大脑的区域面积没有任何关系，也和大脑当中的细胞数量没有任何关系，即使是和重要的神经元细胞也没有关系，它主要取决于神经元之间接合处的数量和性质。

神经元是一种能够更新、传递和接受电脉冲的特殊细胞。电脉冲现象产生于活的生命体当中，因此也叫生物电，它会先在一个神经元内部传播，然后在构成整个神经系统的网络中传播。神经元与其他神经元接合的区域叫作突触。根据一些功能上的不同，每个神经元与其他神经元会通过一千到十万个突触连接在一起。电脉冲就是通过突触从一个神经元传递到其他的神经元上，最后遍布整个神经网络的。

大脑和整个神经系统的参与，是整个记忆功能正常运转的保证，其中神经系统负责传递和处理感情信息。但是长久以来，神经系统一直都属于不被人们认知的领域，直到科学技术发展到一定程度，神经系统才渐渐向人们敞开怀抱。整个神经系统是由无数个功能不同的神经元组成的，它包括中枢神经系统和周边神经系统两个部分，神经系统组成的网络也遍布全身的各个部分，包括所有的器官、关节、血管、肌肉等。

记忆在神经系统内运行的机制，叫作记忆的神经机制。根据记忆方式的不同，记忆的神经机制也是不同的，主要分为外显记忆的神经机制、内隐记忆的神经机制和工作记忆的神经机制。

外显记忆的形成必须有整个认知过程的参与，它能够对自身体验的事件和真实的信息进行编码。外显记忆的获取过程很简单，经常是一次尝试就能获得，并且能够随意取出，能准确地加以叙述。外显记忆的获得有包括海马、海马足和海马周围皮层等组成的系统参与，其中海马在哺乳动物的记忆形成过程中，起着重要的作用。

在20世纪70年代初，有人发现了一种长时程增强现象，这种现象的机制，在某种程度上揭示了外显记忆的神经机制。长时程增强现象是指在短暂而重复的高频刺激之后，海马神经通路中神经元的突触后电位将增大，持续时间长达数个小时，在整个动物身上的时间甚至能达到几天或几周。研究表明，有两种机制和长时程增强现象有关：一种机制是发生在突触前，即一旦长时程增强现象产生，突触后的细胞会产生逆行性，作用于突触的整个过程中，增加递质释放的持续性，使长时程增强现象能够持续下去；另一种是发生在突触后，即在高频刺激时，突触前释放的谷氨酸会使突触后的受体激活，产生膜去极化现象，从而把突触后的膜受体解脱出来，诱导长时程增强现象。现在已经有不少研究表明，长时程增强现象确实参与了记忆的存储，很多参与了长时程增强现象的受体会增强记忆的保留。

内隐记忆具有自动或反射的特性，它形成的过程一般没有意识过程的参与，也就是说内隐记忆的形成或取出，并不依赖于认知过程。内隐记忆包括习惯化、敏感化、经典条件作用等几种重要形式，各种形式的神经机制存在着一定的区别。

习惯化指的是人们在受到某种新的刺激时，会下意识地做出发射，当人们因为重复受到这种刺激而发现这种刺激没有危害的时候，就会学会抑制自己的反应，它是一种最简单的内隐记忆形式。这是因为人们在受到重复刺激的时候，突触的传递效率在感觉神经元与中间神经元和运动神经元之间降低，这种降低是持续性的，长时间之后可能会导致突触传递的停止，这就形成了习惯化。

敏感化是指人们在受到了一次伤害性的刺激之后，就会无意识地增强自身对各种刺激的反应，它是一种复杂的内隐记忆形式。敏感化包括短期敏感化和长期敏感化，研究表明，短期敏感化有突触前易化的参与，长期敏感化则包含感觉和运动神经元之间的易化。短期敏感化主要是感觉神经元上形成突触的中间神经元释放出某种物质，能够直接调整感觉神经元递质的释放，也可能和受体结合，增加递质的释放。

经典条件作用指的是把一种刺激和另外一种刺激关联起来，是一种更为复杂的内隐记忆。它的机制主要是活动依赖性的突触前易化。

　　工作记忆是把当时的意识和大脑中存储的信息瞬间检索相结合所形成的记忆，它能对这些信息操作，也能短时存储和激活符号信息，对人类的信息存储和加工、推理、决策、思维、语言和行为组织都有重要的意义。工作记忆功能的发挥，需要依赖脑部各分散区域的协调和合作，其中起着最重要作用的是皮质的额叶部分。工作记忆就是在皮层的前额叶部分实现的。前额叶的神经元控制着运动中枢的神经元，对各种运动行为进行调节和控制，最终能兴奋或抑制其他脑区的活动。

潜意识仓库

　　潜意识仓库是指我们大脑中"意识之外"的用来存储我们感知过的所有事物的区域，这是大脑活动的潜意识区域，记忆就存储在这片区域中。

　　这是一片非常重要的区域，它存储着我们感知过的一切事物，即凡是我们所经历过、思考过和已经知道的事物，都会储存在这个仓库中。研究表明，只有当潜意识中储存的内容出现在我们的意识领域，并且产生回忆的结果，我们的记忆才算是从潜意识中走出来，成为真正意义上的记忆。

　　我们可以这样理解，外界信息在输入到大脑中之后，第一个停留的地点是潜意识仓库。当我们进行记忆活动的时候，潜意识仓库中的所有信息都将转化成各种各样的线索，而我们自身的主观意识会通过这些线索找到需要记忆的信息，并对其进行记忆，这样我们需要的信息就会形成记忆，而其他的信息依然会作为线索储存在潜意识仓库中。也就是说，潜意识仓库就是我们在进行记忆活动时的"原材料"集中地。

　　无论是什么样的信息，只要是我们感知过的，都会在大脑的潜意识仓库中留下痕迹，即使是我们对事物的感知非常细微，这种痕迹依然会存在。对事物的感知程度越高，印象越深刻，在潜意识中留下的痕迹就越深。当然，各种信息在潜意识仓库中储存的位置是不同的，感知程度高、印象深刻的信息，作为线索时也越清晰，在潜意识仓库中的位置就十分醒目，当我们需要记忆它们的时候，自身的主观意识会很容易就把它们搜寻到；而那些感知程度低、印象也不够深刻的信息，作为线索的时候也不会很清晰，在潜意识仓库中的位置自然也比较隐秘，当我们的主观意识去搜索时，也很难发现。这就相当于一个人，如果他站在你的面前，非常醒目的地方，那你一眼就能看到他；如果他藏在一个隐蔽的位置，你想找到他就会很困难，虽然说你下定决心去找的话，也能找到他，但是很可能会花费非常多的时间和精力。

我们经常会有这样的感觉，一件事物可能以前在某个地方看到过，但是无论如何也想不起来，这实际上就是因为这件事物在当初在我们的潜意识仓库中留下的痕迹不够深刻，作为线索的时候，很难被大脑主观意识搜索到。但是一旦我们长时间观察这个事物，就会突然间想起曾经看到过这个事物的地方，这就是因为我们感知的新内容也进入到了潜意识仓库中，并且和原有的线索相结合，使其痕迹变得深刻，作为线索也变得明显了许多，所以我们的主观意识重新搜索到了这些信息。这就说明，潜意识仓库中的各种线索并不是一成不变的，内容相同的线索会结合起来，变成更清晰的线索；只要线索足够清晰，我们的主观意识都能够搜索到，那么任何信息都可能变成我们的记忆。

总之，只有在潜意识仓库中留下了线索和痕迹的信息，才有可能转化为我们的记忆。对于其中没有存储柜的信息，我们的主观意识永远也不可能在其中搜索到，自然也就没办法形成记忆。

动物也有记忆

在 1904 年获得诺贝尔奖的苏联生理学家伊万·巴甫洛夫曾经做过一个著名的实验，他每次给狗喂食的时候都会摇铃，经过几次之后，只要一摇铃，狗就会流口水，这证明狗能对刺激做出反应，也就是说狗有记忆。

在当时，这个实验结果可以用惊世骇俗来形容，甚至巴甫洛夫获得诺贝尔奖也是凭借这个实验的结果。但是 100 多年来，科学家对动物记忆的探索取得了巨大的进步。放到现在，这个实验根本就不值一提。现如今，各种动物表现出强大记忆能力的例子比比皆是，一些生物学家甚至在最初级的生物体上都发现了记忆。不同种类的动物在记忆能力上有很大的差别，有一些很弱，有一些则很强大，像一些高等脊椎动物、比如说狗的记忆能力，有时候甚至可以和人相比。

海狮能在记忆中长时间保存较少见到的猎物的图像，这是加利福尼亚大学的两个生物学家用十年时间训练和测试一头海狮所得到的结果。他们先让海狮学习一些符号、字母和数字等东西，然后在众多的卡片中辨认出这些东西，每辨认出来一个都会给它一份奖励。随着时间的推移，海狮学习的东西越来越多。在十年之后，生物学家向海狮展示了一些它从来没有学习过的符号、字母和数字，但是它依然能在众多的卡片中把这些符号、字母和数字找出来，这就证明了海狮有着强大的记忆力。生物学家们认为，海狮能够记住种类繁多的猎物，靠的都是这种强大的记忆能力。

鹦鹉能"学舌"，这是鹦鹉的记忆能力的展现。鹦鹉能够学人说话这个能力相信很多人都见识过，比如说当年很火的一部电视剧《还珠格格》里面小燕子就养了一只鹦鹉，而这只鹦鹉就会说"皇上吉祥"。加蓬有一只叫作亚历克斯的灰鹦鹉，它能够复述学到的所有词汇，被称为是现今最会说话的鹦鹉。它不仅能记住 50 多种物体的名字，还能辨别物体的类别，比如物体的形状和颜色等。如果给它展示一个蓝色、一个绿色两个相同形状和相同材料的物体，当问它有什么相似之处的时候，它会先说出形状，然后说出材料，这说明它对材料、颜色、形状等记忆的都非常清楚。

通过训练的狗通常能够做很多事情，比如训练有素的警犬，它们能够通过气味搜索敌人、能够在地震之后的地区搜索活人、能够寻找毒品或炸弹。再比如导盲犬能够帮助残疾人认路，还有一些狗能表演杂技等，这些都是因为狗能把它们接受训练时所学习的东西记忆住。

黑猩猩能够记住某些物品的作用和功能。人们经过长期的观察发现，一些黑猩猩专门使用某种形状的树枝捕捉白蚁，一些黑猩猩能够借助石头或者是木块来砸核桃，还有的知道利用海水清洗食物里的沙土来改善食物的味道。对于一些药用植物的使用效果，黑猩猩也能记住。比如一只黑猩猩在腹泻的时候吃了一种含有抗生素的合欢树的树皮，不久之后，和这只黑猩猩属于同一个族群的其他黑猩猩也知道在腹泻的时候应该吃这种含有抗生素的树皮。

大象和鲸能记住自己母亲教给自己的东西。大象和鲸掌握的知识，都是以从母亲到子女这样的方式传承下来的。年幼的大象知道迁徙过程中的安全区域和危险区域，是因为它们能记住老年大象教导的地理知识；小鲸鱼敢于毫无恐惧地去接近那些安全的船只，是因为它们记住了年长的雌鲸教导的哪些船只是有危险的这样的知识。

想象力——记忆的来源

记忆是一种生物过程，在这个过程中，信息被编码、重新读取。它使人类个性化，在动物王国里与众不同。

知道记忆究竟是什么以及它是怎样运作的，对开发人类的记忆力很重要。记忆力的形成需要特定的"路径"。记忆的形成取决于多个因素，而想象力参与了记忆的每个过程，因为正是它为记忆提供了所有的心理意象。它的创造力更体现在对储存在记忆中的信息能够有效地加以利用，以及在深刻理解现实的基础上进行的各种活动。但是它也会受你的期望或是挫折的影响，所以要有节制地放任想象力自由驰骋——它可能会带着你脱离轨道，最终导致错误的判断，甚至是失败！

18 世纪，法国作家伏尔泰是这样定义想象的："它是每个有感知能力的人都能意识到他所具有的、在脑海中再现真实物体的能力。这种能力取决于记忆。我们能够看到人类、动物和花园，是因为我们通过感官接收到对它们的感知。记忆将这些感知信息保存起来；而想象把这些信息组合在一起。"

现代心理学证实了这个观点。想象力为记忆的主要组成部分——大脑形象的构成做出了很大的贡献。还有观点认为想象力具有利用以前记忆的信息进行复制再现的功能。另外，想象力还有再创造的能力，它可以重新排列大脑中已经存储的信息，建立新的组合；也可以改造以前经历中记录的形象，创造全新的联系。简而言之，想象力主要以先前已经存储在记忆中的材料为基础，进而创造出全新的形象。例如，当你在头脑中想象一种完全未知的动物时，实际上你是在将你所熟悉的各种动物的一些特征拼凑在一起。

所以，真正的创造性想象，首先要求有一些声音感知的信息，接下来需要一个存储状况良好的记忆，能够迅速而又轻松地提取出任何已存储的信息，最后就是创造全新组合的能力。这种创造能力仍然是建立在对已存储在记忆中的信息进行高效组合的基础之上的。在科学中，一个假想只有建立在对已观察到的现象做认真分析，以及对已有知识的精确掌握的基础之上，才有可能最终引向科学规律的发现。在物理中，要想对未来做出正确的预测，或是要保证计划方案的实施，最关键的条件就是对现实情况的准确把握和理解。能够根据现实情况来设计未来发展计划的能力，是对未来进行重大的干涉的前提条件。

创造出记忆力的杰作，除了将分散的信息集中到一起，还有将它们组合在一起创造新的"事实"。

想象力总是建立在一些感官活动的基础上。经过良好训练的感官能力会使记忆变得更加高效，并且能够增强信息再现的能力。

想象力不只是伟大的创造者、艺术家或发明家的独有能力。爱幻想的儿童、遐想未来的成年人，还有在头脑中显现小说中的英雄人物和故事背景的人，他们都在运用自己的想象力。阅读（这会促使你的思想自由驰骋，将无数人物、景色和气氛的心理形象召唤出来）、写作，以及你对身边世界的兴趣和好奇心，所有这些都能激发想象力的创造能力。你的想象世界的产物也来源于你的欲望、你的幻想，还有你受到过的挫折。想象通常暗示出认为现实世界不够完整，并且相信有可能设计出新的、更加令人满意的版本，因为这些想象的版本比现实更加接近你的愿望。这就解释了为什么现实总是会让人的期望落空，例如被搬上银幕的小说、与原先互相联系但未曾谋面的人的会面，或是任何其他先做想象后化为现实的情况。

想象力的这种补偿性的作用，能够促使人行动。当然想象力也有它的缺点：会使人倾向于逃避现实，沉溺于幻想的世界中。你的想象力会跟你开玩笑，伪造对事物的感知，从而误导你将自己的幻想当成现实。因此，失去束缚的想象力是幻觉和失望的主要源泉。最终，它可能会伪造甚至扭曲事实，这些可以在白日梦、疯狂和说谎狂（情不自禁地伪造）症状中看到。

希腊哲学家亚里士多德相信人类的灵魂必须先通过在脑海里创建图片才能思考。他坚信，所有进入灵魂（或者说人脑）的信息和知识，都必须通过五感：触觉、味觉、嗅觉、视觉和听觉。首先发挥作用的是想象力，它修饰这些感觉所传来的信息，并把它们转化为图像。只有这样智慧才能开始处理这些信息。

换句话说，为了理解身边的每一件事物，我们必须不停地在脑中创造世界的模型。

我们中大部分人从小就学着在心中构造模型，并很快精于其中。我们可以单凭脚步声认出一个人，可以从一个人最细微的动作直觉地判断出他的情绪。而你现在正在做的事情就是更为典型的例子——你的眼睛轻而易举地扫过一行行杂乱的字符，与此同时，你的大脑识别出一组组词语并在大脑中同步，从而形成图像。

想象力能做很多事，其中最突出的大概就是梦境了，不过前提是我们能记住它。有很多种仪器可以帮助我们记住梦境，其中一种能检测快速眼部运动（REM）的护目镜已经经过志愿者的测试。REM 睡眠是梦境最活跃的阶段，它一般仅在特定时间突发，持续时间也很短。一旦 REM 发生，检测器会在护目镜内部发出一道小闪光。这样做的目的是为了让志愿者能在睡眠状态下逐渐意识到他在做梦。这种亚清醒状态可以让人以奇妙的旁观视角，来体验想象力的虚拟世界。试验报告指出，"所有的物体看起来都像是全息真彩照片，每一个细节都非常完美"。多年不见的亲友，面孔会被精确地再现在眼前，而且这一切体验都真实得不可思议。

记忆的运行

记忆的运行过程会牵涉到整个身体的参与，它的每一个步骤都需要感觉、认知和情感的参与。因此，感觉和知觉对记忆来说，就像推理和思索一样重要。

飞机上的黑匣子会记录并保留机长和地面控制台在整个航行过程中的对话，以便需要时重新提取有用的信息，记忆的形成与之类似。它包括接收信息、保持信息的完整性、在需要时再现该信息三步。但是，这三个步骤的顺利进行要依赖于一些在现实中实际上很少能遇到的条件。

接收信息以及从记忆中再次提取信息是大脑的一个十分复杂的运转过程。对信息的接收、编码、整理和巩固是这个过程的必要步骤。了解记忆这个奇妙的运行过程，对充分发挥记忆的潜能非常有用。

第一步，接收信息的要素。

接受信息首先要求感官——视觉、听觉、嗅觉、触觉和味觉有效地发挥功效。一般情况下，记忆信息所出现的问题都可以在检查信息进入"黑匣子"的方式之后找到原因。如果看不清楚或者听不清楚，就无法清楚地记忆。事实上，如果你的感觉不够灵敏，你是无法记住任何信息的；所以不要归罪于记忆力，而应该训练你的感觉器官。

另一方面，良好的感觉系统也不能代表一切。另一个重要的因素是集中注意力，这是由兴趣、好奇心和比较平静的心理状态决定的。有效地接受信息决定于拥有正确的思维模式，以及保持信息过程不受干扰。

在19世纪90年代，一些发明家（包括托马斯·爱迪生）在记录音像方面取得了成功。但是真正成功地完善了用胶片捕捉动作系统的人，还是要数法国人路易斯·卢米埃尔，如今我们的照相机依然保留着他所发明的图像捕捉方式，只是在每秒钟所捕捉的图像数量上有了变化：从过去的 16 个变成了现在的 18 个。

第二步，信息的编码和整理。

你所接收的所有信息会先被转化成"大脑语言"。这是一个被称为编码的生理过程，在这一过程中信息被输入记忆系统。在编码过程中，新的信息和记忆中已存储的相关的部分放置在一起。它会被分给一个特定的代号，可能是一种气味、一个形象、一小段音乐，或者是一个字——任何标记符号都可以，只要能够使这个信息被重新提取。如果一个词"柠檬"被用"水果""有酸味儿""圆形"或是"黄色"来编码，那么当你不能自发地回忆起这个信息时，这几个特征中的任何一个都可以帮助你回忆起它。如果你接受的信息属于一个新的类别，大脑会给它一个新的代号，并与记忆已经存储的信息类别建立联系。信息再现的效率取决于大脑对这条信息的编码程度，还有数据的组织情况和数据之间的联系。这个过程需要利用人脑对过去的丰富记忆做基础，对每个个体来说，这个过程都是独特的，而且它的进行方式也是不同的。尽管如此，信息编码的潜能还是要受到大脑接收信息能力大小的限制——一次最多可以对 5~7 条信息进行编码。

此时，信息的性质就从一种从外界接收的感官信息，转变成了一个心理映像，也就是大脑受到某种行为刺激而导致的转换过程的产物。然后，这条信息就会被保存在记忆里，只是保存的种类、强度和持续期限各不相同。

短期记忆主要是一些日常生活中的事情，这样的记忆只需要保留到任务完成——比如说购物、打电话等。

普通记忆，或者叫中期记忆，对需要一定程度的注意力的信息发挥作用。我们对这些信息感兴趣，并希望把它传递到大脑中。个人能力、时间段、感官所受的训练，还有信息所包含的情感因素，都会影响到普通记忆的多样性。普通记忆是生活中利用频率最高的。尽管如此，它的潜在容量却无法预测，没有人知道它的极限是多大。

长时记忆会在我们不自知的状态下，不需做任何额外的努力就能把一些信息铭刻于心。通常，能唤起强烈情感的事件是形成无法磨灭的记忆的基础。它们内在的情感性使我们倾向于向别人讲述，而这个叙述的过程会将记忆巩固并存储到大脑的更深处。我们并不受这些深层的记忆所控制，这些被埋葬的记忆表面上似乎被长久地遗忘了，事实上却会在任何时刻重现脑海：出现在梦中或是被某种气味唤醒。

第三步，巩固。

有些信息由于自身所附带的强烈情感因素，会在记忆中自动留下难以磨灭的印象；而有些信息，如果你想把它们保留得久一些，就必须用一些方法去巩固它们，而这种巩固的过程需要存储信息时良好的组织工作。一条新的信息首先必须被划分到合适的类别中，就像你把一个新的文件放进一个文件柜时需要做的一样。至于把它们划分为哪一类，就要看你个人的信息分类标准——按照意义、形状等，或者被包含在某个计划、故事中，又或者是所能唤起的联想。举个例子，"文明"这个词，作为"文化"的义项可以被划分为"名词"的类别，但是作为"社会发展到较高阶段"的义项又可以和形容词建立联系。不过你也可能会用别的分类方式，因为没有任何两个人会对同一条信息采用同一种分类方式。

当你把新的文件归档时，很可能会把它放在其他已存的文件的前面；同样，处在不停变动中的记忆库会把新的信息储存在旧的信息之前，这样的过程不断重复，越来越多的新信息被存储，最终，"文明"的文件将会被彻底地覆盖。只有在你再次使用这个词时，它才能回到文件夹的最前面；否则，它将被转移到文件夹的最后面，束之高阁，就像其他被遗忘的信息那样。所以为了确保信息得到有效的巩固，仅仅组编数据还不够，在最初的 24 小时之内必须重复信息 4~5 遍，之后还要有规律地重复记忆，这样才能避免信息被遗忘。如果信息的重复工作得到很好的实践，我们就可以随时根据需要从记忆中提取完整的信息。

记忆形成的步骤

记忆的形成主要包括三个步骤，分别是编码、储存和提取。

信息的编码就是信息的获取，就是以各种方式加工需要学习的信息，把来自感官的信息变成记忆系统能够接受和使用的形式，它是记忆的第一个基本过程。一般来说，我们通过感官获得的外界信息想要转化成记忆，就必须要先转化成各种不同的记忆代码。

对信息进行编码的过程叫作识记，这是人们获得和巩固个体经验的过程。

根据需要识记的材料是否有意义和学习者是否明白材料的意义，识记分为机械识记和意义识记。机械识记是指对没有意义的材料或还没有理解事物的意义的情况下，根据事物的外部联系，采用机械重复的方法进行识记，比如说记忆地名、电话号码和人名等。意义识记是指在理解材料内在联系的基础上进行的识记。

机械识记和意义识记都有各自的优点和缺点。机械识记的优点是识记材料的准确性能够得到保证，缺点是花费的时间大、消耗的能力和精力多。虽然机械识记的缺点如此严重，但是由于现实生活中总有一些毫无意义的材料需要我们记忆，所以机械识记是不可缺少的。意义识记的优点是记忆方便、简单，可保持的时间长，提取也容易，在记忆的全面性和牢固性上有很大优势，缺点是识记材料的准确性可能得不到保证。

机械识记和意义识记全都不可缺少，二者的关系是相互依赖、相互补充的：机械识记需要意义识记的指导和帮助，比如说想要更有效地记忆一些没有内在联系的材料，可以人为赋予这些材料一定的意义，方便人们识记；意义识记想要达到对材料识记精确和熟练的程度，也离不开机械识记的帮助。

根据实际的意图和目的是否明确，以及主体是否付出了意志努力，识记还可以分为无意识记和有意识记。无意识记是指没有任何目的和方法的随意识记；有意识记是指有明确目的、策略和方法，并且付出一定的努力而进行的识记。

人们能通过无意识记记住很多东西，往往是在偶然之间，我们就把一些重要的东西记住了。但是这也并不是说我们只要坚持无意识记就可以，无意识记具有强烈的偶然性和选择性，内容也具有随机性，虽然能帮助我们记忆很多重要的东西，但是更多、更重要的东西却不能记住，因此有意识记也是必须要存在的。

事实证明，在同等条件下或者在大多数时候，有意识记的效果要比无意识记的效果更显著，因为它的目的更明确、任务更具体、方法更灵活多样，并且有强烈的思维活动和意志努力，因此，在日常的工作和学习中，有意识记占主要地位。

信息的储存是记忆形成的第二个步骤。信息的储存也叫保持，它是一个过程，把做过的动作、体验过的情感、思考过的问题、感知过的事物等信息，以一定的形式储存在头脑中，是识记的延续。想要顺利提取头脑当中的信息，必须把已经编码的信息在大脑中储存起来。保持是一种主动的行为，需要我们自己努力想办法储存信息，不能指望信息自动储存。

信息在经过长时间储存之后，在质和量两方面都会发生变化。

在量的方面，保持的信息可能会增加，也可能会减少。增加是指在学习某种材料一段时间之后的保持量可能比学习后立即测量时的保持量要高，这是因为对材料的反复识记和消化理解材料的意义所造成的；减少是指储存后的某些信息可能在一段时间之后就回忆不起来或者回忆发生错误，也就是遗忘现象。

在质的方面，保持的信息可能会变得简略和概括，也可能会更加完整、具体和详细，并且更有意义，或者是更有特色。变得简略和概括是因为我们保持的信息当中的一些不必要的部分和多余的部分被逐渐遗忘；更具体或者更有特色是因为随着时间的推移，越来越多的信息被储存并且和我们保持的信息联系了起来。

把储存在记忆系统中的信息提取出来的过程，就是再现，它是使储存在记忆系统中的信息变得有意义的一个过程，也是记忆过程的最后一个步骤。

再现有两种基本形式，分别是再认和回忆。再认是指过去识记过的材料、经历过的事物等信息，再次呈现时，有熟悉的感觉并且能够回想起来的过程；回忆是指过去识记过的材料、经历过的事物等信息不在眼前，但是仍然可以回想起来的过程。再认和回忆都是对过去记忆过的信息的提取，但是因为有明确的线索和提示的帮助，再认比回忆更容易提取信息。能够回忆的内容，一般都能再认；能再认的信息却并不一定能够回忆。

再现基本上都是主动再现，因为再现是有明确目的和对象的提取信息，这需要人们努力开动脑筋才能做到。很少会有一些无关紧要的信息莫名其妙地出现在人的脑海中，除非是一些对人们的情绪影响非常大的信息。

信息的再现有时候可能会失败，但是不用担心，经过一些正确的引导和提示，人们依然能顺利再现出自己所需要的信息。

记忆形成的这三个步骤之间有着紧密的关系，它们相互联系、相互制约：识记是保持的前提条件，保持是识记的巩固手段，再现是记忆的表现形式；只有储存的信息才能被提取，信息的存储方式决定着信息的提取方式；识记和保持是积累知识经验，再现是应用知识经验。所以说，整个记忆过程是不可分割的，想要提高记忆，必须要把握住这三者之间的联系。

语言与记忆

语言是人们获得记忆的重要方式之一。语言是人类所拥有的最有力的交流工具，是区别人类和其他动物的基本能力之一。世界上的所有民族都有语言能力，人类交流思想感情需要语言，交流文化、世界观和生活方式等问题也需要语言。

每个人都有语言功能，并且基本上都是在还是小孩子的时候就拥有了。很多人认为学习语言的能力是人们天生就拥有的，但是事实并不是这样。除了天生的因素之外，后天环境对于人的语言功能和能力有重要的影响。

语言和大脑有十分密切的关系。每个人的知觉、心理和运动技能都要由大脑来处理，语言的加工同样需要大脑来处理。一般来说，一个人的大脑的左半球负责分析语言的表面意思，而大脑的右半球则要参与分析语言的隐喻意思。简单来说，人的左脑半球负责管理语言，而右脑半球负责进行补充。

任何语言都要在人们理解了之后才变得有意义。语言的理解是一个重要的行为，它迅速而又自动。虽然人们能够快速理解语言，但是它却并不是一个简单、省力的过程，相反其中包含着声音、词汇、语法规则、听力、语言加工的技巧等丰富的知识。理解语言最重要的是对语言的加工，语言加工主要有感知阶段、词汇阶段、句子阶段和语篇阶段等四个阶段，四个阶段相互加工、相互反馈，最终才能帮助人们理解语言。

要想理解语言，首先要知道语言的结构。语言可以分解为句子、词汇、音节、音素和重音、语调等分析特征。其中句子能使我们表达完整的想法和观点，在语言中起到关键作用；词汇是句子的组成部分，词汇按照一定的句法规则组织起来就成了句子；语素是传达意义的最小单位，词汇都是由一个或几个语素组成的；音素是词汇组成中的语音；音节是比音素大的语言要素，包括元音和辅音，对语言的加工，特别是言语的生成和理解有重要作用。

理解语言是以声音信号的输入开始的，到完全整合信息之后结束。

在感知阶段，我们的感知系统会把输入到大脑中的声音信号转化成一连串的音素。因为我们的感知系统对语言的感知和对音乐等其他声音的感知在方式上有明显的差别，所以我们才能准确地把声音信号转换成一连串的音素。

当声音信号转换成音素之后，就进入词汇阶段，词汇阶段就是把各种可能与音素有关的一系列词汇相互联系的过程。一般情况下，我们在词汇阶段只需要单独理解词汇的含义就可以。但是在很多时候，需要联系句子的前后才能准确理解词汇的含义。比如说"狂妄的路人甲和路人乙打了起来"，要想知道这个狂妄的到底是说路人甲还是说路人甲和路人乙，就需要知道重音或者语调等因素，注意句子在哪里停顿。

句子阶段就是把词汇阶段理解出来的词汇意思按照句子的组合方式结合起来，整体来理解句子的意思。而语篇阶段就是把句子的意思按照语篇组成的方式结合起来进行理解。

事实上，我们的记忆不可能记住语篇里面的所有词汇和句子，这就导致在语篇阶段我们所要做的重点就是把整个语篇提取出重点，精简成几个简单的陈述，去掉没用的细枝末节，这样才有助于我们对语篇的理解和记忆。

由于语言和大脑有着紧密的关系，因此，大脑的损伤很可能会导致语言障碍。最常见的由大脑损伤所引起的语言障碍就是失语症。失语症是指因为大脑损伤而导致大脑内部和与语言功能有关的脑组织发生病变，造成了患者对人类交际符号系统的理解和表达能力的损害，以及对作为语言基础的语言认知过程的减退和功能的损害，突出表现为对语言的成分、结构、内容和意义的理解和表达障碍。

语言功能对应着大脑的特定区域，语言区域的损伤并不都会导致语言障碍，非语言区域的损伤也可能会导致语言障碍。常见的失语症主要分为几大类。

第一，运动性失语。运动性失语是因为大脑的特定区域受到损伤所产生的失语症。导致运动性失语的大脑区域是大脑左侧前上额叶到前顶额叶的皮层，主要原因可能是脑血管意外损伤、肿瘤、脑出血以及撞击或刺入伤等，主要受损的功能是语言的流利性和命名、复述、书写等功能，主要表现为语速慢、不流畅以及语言中连词、代词等词语的减少或缺失。

第二，感觉性失语。导致感觉性失语的原因是大脑左侧颞前叶和颞中叶联合区域的损伤，主要受损的功能是语言的命名、复述、口语和书写理解等功能，主要表现是语言很流畅，但是对语言的理解困难，说话很荒谬，回答文不对题，说话和书写的内容以及意义错误。

第三，传导性失语。导致传导性失语的原因是大脑左侧前后语言区域的传导性纤维受到损伤，主要受损的功能是语言的复述功能和对语言的理解功能，主要表现是不能复述词语、命名和读词错误。

　　第四，命名性失语。导致命名性失语的原因是大脑内部颞中回和角回受到了损伤，比如说阿尔茨海默氏病，主要受损的功能是语言的命名功能，主要表现是在自发言语中和视物命名时，找词困难。

　　第五，完全性失语。导致完全性失语的原因是大脑的绝大多数部位受到损伤，特别是左脑半球的多个脑回，语言功能全部受损，主要表现为失去语言能力和理解能力。

　　第六，混合性失语。导致混合性失语的原因是左脑半球的运动性及感觉性区域受到损伤或联系通路的中断，导致四周区域也受到损伤，主要受损的功能是诵读和书写功能，主要表现是既听不懂别人说话也无法表达自己的意思，甚至有一些精神失常的感觉。

　　第七，新语症，也叫接受性失语。新语症出现的主要原因是左脑半球的颞叶颞上回处受到损伤，主要受损的功能是分辨语音和形成语言的能力，主要表现是说话时语音语法正常，但是由于很难想起自己想要说的词，于是用其他的词语代替，导致自己的话语没有任何意义，不能提供任何信息，以及无法辨别出一些语言语义的错误。

　　语言是人和人之间的信息交流方式，这是人所特有的。其实许多非人生物之间都有着非常强大的信息交流方式，这也算是它们的语言。比如说蚂蚁会分泌一种叫作信息素的化学物质和同类交流，以此来给它的同伴留下信息；蜜蜂则用身体语言进行交流，它们会跳着复杂的舞蹈从外面回到蜂房，不同方式的舞蹈能够传达不同的信息。当然，动物的信息交流方式和人类的语言比起来，有着非常大的差距，因为它们只能传达一些简单的信息，而不能够表达思想和感受等精神层面的信息，属于最低层次的交流。

阅读与记忆

　　阅读是一种娱乐，是一种消遣和放松的方式，同时也是一种为了更好地学习和工作所进行的一个必不可少的活动，甚至可以说是人们日常生活的重要组成部分。对于阅读的内容，人们应该理解和记住，一般情况下，当人们不能理解和记住正在阅读的文章的内容时，都会感到非常沮丧。

　　和语言的理解一样，阅读也包括一系列的相互配合的步骤：首先是认识书面语，其次是将认识的书面语组合成词汇，再次是在心里面回想这些词汇，最后是理解含义。语言和阅读虽然都是为了理解和记忆信息，但是它们有很大的不同。第一，信息的摄取方式不同。语言是靠声音信号来摄取信息，但是声音信号稍纵即逝，人们无法掌控，而阅读是靠视觉信号来摄取信息，当人们忘记信息的时候，可以回过头来再看一次。第二，使用的要求不同。语言能力人生下来就具有，而阅读必须在人拥有了足够的文化水平之后才可以拥有。第三，语言中可能有些话表达不清楚。比如一句话的着重点表述不清晰，就很可能会在阅读中遇到这样的问题。第四，语言至少已经伴随我们 3 万年了，但是最早的文字出现却只有 6000 年，阅读无论如何不可能比这早。

　　阅读的方法有主动阅读、被动阅读和 PQRST 方法等几种，想要阅读的效果达到最大，就必须要选择正确并且适合自己的阅读方式。

　　主动阅读是指在安静的环境中投入更多的注意力并且加强学习意图，要求随时能拿出一支笔把重点部分记录下来或者是标注出来，阅读完成之后再重新看一次重点的部分，并且学着去梳理阅读内容的结构，这是一种积极的阅读方式。

被动阅读是指在我们阅读时，并没有把精力集中在阅读的内容上，导致在阅读完成后，我们只能保留一些对文章的总体印象，属于是没什么意义的阅读方式。

PQRST 指的是 Preview、Question、Read、State 和 Test，即预览、提问、阅读、陈述和测试，这是美国心理学家托马斯·富·斯塔逊发展的一种阅读方法。第一步是用浏览的方式进行第一次阅读，抓住文章所要表达的总体意思；第二步是找出重要的信息，提出一些和文章内容有关的问题；第三步是用主动阅读的方式再次阅读一遍，回答出自己之前所提出的问题；第四步是重复自己阅读过的内容，找出文章的主要观点和特征；第五步是检验自己的阅读成果，可以通过设置问题等方式进行检查。这种方法能够让我们更有效地进行阅读。

想要保持对阅读内容的长期记忆就必须要充分理解阅读的内容，随后在理解的基础上进行记忆。但是，阅读的内容是各种各样的，因此理解阅读内容的方法也有很多。想要彻底理解自己阅读的内容，就必须根据阅读的内容选择最合适的方法。

第一，找关键词。经常阅读的人都知道，一篇文章可能有几千甚至是上万字，但是作者真正要表达的关键信息并不是很多，只要找准文章中的关键部分，我们就能够很轻松地理解文章。其实这和一些开放性的考试题目的道理是一样的，有些考试题目不要求学生写出标准答案，但是却必须要写出答案中的所有关键点，其他的部分怎么说都可以，这样就能够拿到所有分数。找关键词对我们阅读的好处主要有两个方面，一方面是能让我们更准确地了解文章中的关键内容，另一方面是方便我们以后复习。找关键词也需要按照一定的方法，一般来说一个段落中一般只有一个关键的句子，不可能所有句子都是关键点；一个句子中一般也只有几个关键词，不可能没有连接或指代等没什么意义的词语。所以找关键词一定要准确，不能碰到一个词语就觉得是关键词，看到一个句子就觉得是一个关键的句子。标注关键词的方法有很多，可以是各种各样的符号，也可以是一个点、一个圈、一条下划线，还可以用各种颜色的笔来标注，甚至是自己想一些特别的办法。总之，用自己熟悉的方法标出一篇文章的关键点，对我们理解和记忆文章有很大帮助。

第二，做笔记。常言说，好记性不如烂笔头，做笔记这种方法，我们上学的时候都经常用到。用做笔记的方法来记录文章的关键部分和自己对文章的理解和看法，有很多好处：一方面，可以帮助我们更好地去理解文章的内容和观点；另一方面，也能促进我们思考。思考出来的想法越多，对文章记忆的效果就越好。

第三，做批注。做批注是指在书籍的空白部分写上一些自己对文章内容的理解、观点和看法等。这样做能够加强人们对文章内容的理解和记忆，也方便以后复习。很多人都觉得书籍是宝贝，要保持书籍的洁净，不能在书中乱写乱画。其实这种想法完全没有必要，书籍只是承载知识的媒介，重要的是书籍当中的知识，而不是书籍本身。我们要做的是想尽办法理解并记忆书籍当中的知识，而不是为了保存书籍的整洁就不选择正确的方法学习和记忆知识。

第四，做图解。图解就是用关键词和图形的方式把书中的主要内容描述出来。这样做的好处是使人们对书中的主要内容有一个更直观的认识，让人看起来一目了然。做法也很简单，就是在一张纸上写上主题，然后画出分支，在分支上写上内容，如果分支还有分支，那就继续画，最后就组合成了一个大大的图解。

第五，提出问题并解决问题。这样做可以更快速、更准确地在书中找出自己所需要的信息。做法就是在阅读文章之前，先要想好自己在文章中需要了解到哪些问题，比如说事件发生的时间、地点、人物、起因、经过、结果等，把这些问题写在一张纸上，然后在读书的时候把这些问题的答案找出来。这样，一本书中自己所需要的知识就全部都了解了，记忆起来也更方便。

人的精力是有限的，长时间的阅读很可能会造成视觉疲劳和大脑疲劳，严重影响人的阅读效率；同时，也需要一定的时间对阅读过的内容进行消化吸收。因此，我们必须合理安排阅读时间，不能过度疲劳，也不能只阅读而不留时间去消化理解阅读的内容。否则，即使阅读了很多的东西，也不一定会对我们有多大的帮助。就比如一两个小时能阅读完的材料，宁可分 4 个半小时阅读，也不能连续阅读 2 个小时。另外，良好的睡眠质量和身体健康状况也是有效阅读的保障，因此必须要吃好睡足。

B.E.M 学习原则

B.E.M 在英文中是代表开始、结尾和中间的缩写词，同时，它也代表着人们记忆各种信息的顺序。一般来说，最容易记住的是最开始接收的信息，其次是结尾部分接收的信息，比较难记忆的是中间部分的信息，它一般也是被最后记住的。

为什么会出现这样的情况呢？

首先，人们在接收信息时，总是会对开头和结尾的信息存在一种关注偏见，即更重视开头和结尾的信息。在刚开始接收信息时，由于对信息不了解，会产生一种好奇的心理，这种心理会让人们对信息更感兴趣，从而促使注意力的集中，更多地关注信息；而信息结尾的时候，则到了感情释放的阶段，由于接收信息过程的结束，人们或多或少会在心里面产生一种"终于结束了"或者是"怎么就结束了"想法，使结尾时的信息带有的感情因素更加浓烈，也会让人们投入比较多的注意力，因此记忆起来很轻松；而中间部分的信息，则由于人们过了信息开头感兴趣的阶段，对此时输入的信息产生一种疲劳的感觉，同时又没有达到释放感情的时间，所以受到的关注是最少的。人们在开头和结尾接收信息时的偏见，对大脑产生的刺激会更加强烈，这种强烈的刺激是开头和结尾接收的信息记忆效果好的主要原因。

其次，很多信息之间会相互影响或者相互抑制，而人们之所以最难记忆在中间部分接收的信息，就是因为在中间部分接收的信息会受到前摄抑制和倒摄抑制的双重影响。前摄抑制是指先接收的材料，会对后接收的材料产生一定的干扰作用；倒摄抑制是指后接收的材料，对回忆先前接收的材料会产生一定的干扰作用。而开头和结尾接收的信息则不同，开头接收的信息只会受到倒摄抑制的影响，结尾接收的信息则只会受到前摄抑制的影响，这样的影响并不是很大，因此信息的记忆效果会好很多。

还有一点就是受到了遗忘规律中的系列位置效应的影响。系列位置效应表明，在多个信息连续被记忆时，信息所处的不同顺序和位置会影响人们对信息的回忆。开头接收的信息由于受到首因效应的影响，遗忘较少。在人们接收完所有的信息，并且进行回忆的时候，开头的信息由于识记时间比较长，可能已经进入到了长时记忆系统当中，因此被遗忘得比较少。结尾接收的信息由于受到近因效应的影响，遗忘得也很少。在人们对信息进行回忆的时候，结尾接收的信息由于接收到的时间最短，还处于短时记忆的阶段，因此回忆起来相当容易。而中间部分的信息最难记住，是因为这部分信息，正处在从短时记忆向长时记忆过渡的过程中，既会受到开头接收的信息的阻挡，同时还会受到结尾接收的信息的冲击，受到前后信息的双重影响，导致这部分信息很容易流逝，因此非常不容易记忆。

　　受这种因素影响最大的是死记硬背式的记忆方式。死记硬背是指通过一遍又一遍地反复阅读材料来记忆各种信息。采用这种方法的时候，人们都是按照材料中的顺序来记忆信息的。但是，很多时候一段信息最重要的部分恰恰是信息的中间部分，就像是一篇文章中，开头可能只是简单概括一下信息的主要内容，而结尾也可能只是简单总结一下信息的主要内容，而对各种观点和信息的论述以及主题部分都在文章的中间部分。如果人们坚持使用死记硬背的记忆方式，则很有可能受到 B.E.M 学习原则的影响，导致人们对信息的开头和结尾等一些不重要的部分记忆深刻，而对最重要的中间部分则记忆得不是很清晰，这就可能造成人们的记忆活动变成无用功，白白浪费了很多的时间和精力。

　　通过对 B.E.M 学习原则的了解和学习，人们不但能够了解信息的排列顺序和记忆顺序对记忆效果的影响，同时还能学会在进行记忆活动时，究竟应该怎样分配自己的精力和注意力，以及如何分配需要记忆的信息的顺序。

　　第一，应该把更多的精力和注意力集中在信息的中间部分。根据 B.E.M 学习原则的影响，由于信息的开头和结尾部分相比于信息的中间部分更容易被记忆，所以就需要人们对信息的中间部分记忆更加重视，从而抵消开头和结尾的信息对中间信息的记忆造成的不利影响。也就是说人们在进行记忆活动时付出的精力是有限的，但是不应该把有限的精力平均分配在记忆信息的开头、中间和结尾三个部分，既然开头的信息和结尾的信息非常容易记忆，可较少地分配一些注意力和精力，而中间部分不容易记忆，那就多分配一些注意力和精力。

　　第二，既然 B.E.M 学习原则表明人们在记忆信息时，开头和结尾部分的信息记忆效果最好，那人们在实际进行记忆活动时，就可以找出记忆信息的重要部分和其他不重要的部分，随后把那些重要的部分放到开头或者结尾去记忆，而把不重要的信息放到中间去记忆。这样既能够加深人们对重要信息的记忆效果，同时也能减少那些不重要信息对重要信息的影响，避免遗忘。

记忆的规律

和其他的心理活动一样，记忆也有其自身的客观规律。想要增强记忆力、提高工作和学习的质量和效率，就必须掌握和遵循记忆的客观规律。根据人们长时间的观察和研究证明，记忆的客观规律主要有时间律、数量律、迁移律、强化律、对比律和意向律等几种。

时间律是指人的记忆会随着时间的流逝而改变，这种改变的主要表现形式就是遗忘。根据艾宾浩斯曲线，遗忘的过程是先快后慢的，最初会很快，然后随着时间的推移，遗忘逐渐减缓。遗忘的过程从信息输入到脑海中的时候就已经开始了。大部分新输入到人们脑海中的信息，可能在 1 个小时之后就会被忘记。但是从这之后遗忘的速度就开始减慢，可能一个月之后这些新信息的 20% 还留在我们的脑海中。随后剩余这些信息遗忘的过程将更加缓慢，可能在很长的一段时间之后，这些信息还留在我们的脑海中。

遗忘的规律说明人们记忆的最初时刻也是遗忘最严重的时刻，这是因为新学习的知识在头脑中建立的联系还没有得到巩固，记忆的痕迹很容易衰退，因此及时进行复习非常重要。及时复习就是要在新学习的知识没有遗忘之前就进行巩固，强化联系，使人们加深对新学习的知识的记忆。事实证明，及时复习可以防止遗忘，如果延缓复习，想恢复遗忘的知识就要花费很大的力气。

　　复习要坚持一定的方法，连续进行复习称为集中复习，复习之间间隔一定的时间叫作分散复习。分散复习要比集中复习的效果好，因为集中复习可能会导致大脑神经系统的疲劳，影响复习效果。我们平时进行记忆，最有效的办法是把分散复习和集中复习相结合，只有平时坚持分散复习，到必要的时候进行集中复习，才能达到我们最满意的记忆效果。

　　迁移律是指两种记忆活动之间相互作用产生的效果，包括正迁移和负迁移两种情况。正迁移是指两种记忆活动之间产生积极的促进作用的效果，例如学习拼音有助于汉字的学习，学习汉字又有助于文章的学习，这就是记忆的正迁移。负迁移是指两种记忆活动之间产生消极的妨碍作用的效果，比如在同一时间学习了两种不同的记忆材料，结果两个材料都没有被很好地记忆，这就是负迁移。造成迁移律的主要原因是记忆材料之间相互干扰和抑制的效果，因此，在人们进行记忆活动的时候，必须要对记忆材料进行合理的安排：针对内容较多的记忆材料，一定要分成几个部分进行记忆，降低材料之间出现干扰和抑制的效果的概率，提高人们的记忆效果。另外，有研究表明，先后记忆的材料内容越相似，材料之间干扰和抑制的效果越明显，因此在人们对材料进行记忆时，一定要分清楚材料的类别，交替进行记忆，防止因为相同材料之间的干扰和抑制，影响记忆的效果。

　　强化律是指在记忆活动中，强化和重复的程度对记忆效果有影响，经常进行强化和重复，记忆就能得到巩固，如果不经常强化，记忆就会被遗忘，甚至是消失。外界的各种信息在输入到脑当中后，想要形成记忆需要一个编码和储存的过程，这个过程需要一定的时间，在这段时间当中，重复和强化的次数越多，记忆的痕迹就会越巩固，记忆的效果就越好。

强化能增强记忆这个道理，大多数人都明白，也都做过这样的事情。很多人都觉得，如果一个材料记忆了一遍没有记住，那就记忆一百遍，记住之后怕忘了，那就再记一百遍巩固一下，这其实就是在强化，只不过是盲目地强化。虽然强化能够增强人的记忆效果，但是也要有一个度。研究表明，学习一个知识达到了背诵的效果之后，还要继续学习，但是继续学习的次数只要达到从学习到能背诵的时间的一半就可以。比如说学习一个材料，如果学习一百遍之后恰好能够达到背诵的效果，就再继续学习五十遍，所得到的记忆效果才是最好的，多几次或少几次都不能达到最好的效果，多了可能会因为兴趣减退和疲劳的原因而导致记忆下降，少了则可能会因为强化程度不够而不能达到最好的记忆效果。

强化还要有一定的方法：第一，要采用不同的方法，比如归类、画图、制表等，这样能让人感到新颖，容易激发智力活动，使材料和知识之间建立一定的联系，提高记忆效率；第二，不同学科要交替进行，避免大脑产生疲劳和相同材料之间产生严重的干扰；第三，同一内容要从多种角度进行强化，比如说可以选择填空、选择、判断等方式，提高人的兴趣，提升记忆效果；第四，多种感官共同发挥作用，事实证明，多种感官共同作用的结果，比单一感官所取得的记忆效果要好，比如说学英语，只是看，效果会很差，如果边看边写，同时还进行听力练习，效果比单一的看要好得多。

数量律是指记忆的效果和记忆材料的数量有直接的关系，在相同的条件下，需要记忆的材料越多，能够保持的记忆数量就越少。无论是有意义的材料，还是无意义的材料，材料越多，记忆需要的时间就越长，记忆就越难越慢；材料越少，记忆需要的时间就越短，记忆就越轻松；不停地增加材料的数量，则会继续延长记忆的时间，并且大大增加遗忘的概率。因此，我们不论在记忆任何东西的时候，都要遵循记忆的这条规律，掌握好记忆材料的数量，保证在一定时间内能够获得最佳的记忆效果，不要贪多求快，否则不仅会浪费时间和精力，还会给我们的大脑造成严重的负担，使记忆的效果大大降低，欲速不达。

对比律是指在相同条件下，记忆有意义的材料要比记忆无意义的材料效果好。有意义的材料更容易和大脑中原有的知识结构建立联系，让人产生兴趣和联想，理解起来更容易，记忆也就更轻松，效果也更好；无意义的材料则很难和原有的知识建立联系，孤立的信息容易使大脑陷入疲劳状态，严重影响记忆效果。

研究表明，记忆有节奏、有韵律的材料比无节奏、无韵律的材料记忆效果好，这是因为节奏和韵律能够帮助人们迅速建立联系，提高人们对材料记忆的兴趣；记忆系统条理的材料比杂乱无章的材料记忆效果好，这是因为系统化的过程有利于大脑积极思维，大脑的积极思维则有利于记忆。因此，人们在进行记忆的时候，应该加强对记忆材料的理解，让无意义的材料变得有意义、不系统的材料系统化，同时给材料加上节奏和韵律，这样对人们的记忆有很大的帮助。

意向律是指记忆力和人的主观能动性有直接关系。

记忆和人的主观努力、兴趣和需要等因素有很大关系。研究表明，在日常生活中，人们记忆的时间长的事物通常是人们需要的、感兴趣的和具有情绪作用的事物；记忆时间短的则是人们不需要的、不占主导地位的和不感兴趣的事物。因此，要增强自己的记忆力，就必须对需要记忆的材料和事物产生兴趣，并且明确你的需求。

记忆力和人的注意力集中程度有密切的关系，注意力越集中，记忆的效果就越好。注意力集中的情况下，脑神经系统会处于最佳的状态，外界信息更容易进入大脑也更容易留下记忆痕迹。因此，人在进行记忆活动的时候，一定要保持高度集中的注意力，让脑神经一直处于兴奋状态，这能够极大地增加记忆效果。

记忆和人的自信心也有密切的关系，对自己的记忆信心越强的人，记忆材料或事物时效果就越好。自信心能够使大脑皮层进入兴奋状态，并且抑制其他一些和记忆无关的部位，这样信息就能够在大脑中留下清晰的印象，有助于人记忆。因此，对自己的记忆一定要有信心，一定要坚信自己任何东西都能够记住。

第二章
记忆与遗忘一样有规可循

遗忘是正常现象

相信很多学生都经历过这样的事情，在考试的时候遇到一些问题，发现以前会做并且做过，印象很深刻，但是当又一次遇到之后，却怎么也想不起来到底应该怎么做了；很多人可能也有这样的经历，一个以前认识的人，在很久不见之后再一次见面，自己明明知道认识这个人，却怎么也想不起来这个人叫什么名字；还有这样的事情，我们在某一天做过了一件什么事情，但是在一段时间之后，却怎么都想不起来自己在那天究竟做了什么事情。这样的事情可能每时每刻都在发生，我们把它叫作遗忘。

遗忘实际上就是记忆力减退，随着年龄的增长，记忆的能力也会发生显著改变，记忆力减退是很正常的事情。研究表明，67%的成年人都担心自己记忆力的减退和损失。至于记忆力减退的原因，包含着几个方面。

第一，时间的流逝会导致记忆力的减退。

时间能够改变一切，随着时间的流逝，人的大脑内部也在发生着一些改变，最明显的变化就是旧细胞的衰亡和新细胞的诞生。由于人们记忆的信息主要存在于大脑当中，确切地说是存在于大脑的各个细胞当中，那么因为大脑内细胞的衰亡，导致记忆力发生减退就是很正常的情况。随着年龄的增长，我们遗忘的东西会越来越多。

　　另外，输入到人脑当中的信息必须不断进行复习和使用，这样人们才能记忆深刻。可是随着时间的流逝，输入到人脑当中的信息越来越多，人们需要记忆的信息也越来越多，很多信息会因为人们精力有限而没时间去重复，这就会导致一些早先储存在人脑当中的信息，因为缺乏使用和练习而被人们遗忘。孔子也说过"温故而知新"，就是因为只有经常温习已经学过的东西才能强化记忆。如果不进行温习，那学过的东西必然会随着时间的流逝而逐渐遗忘。当然，也正是因为输入到人脑当中的信息越来越多，人们想要提取早期存储的某些信息越来越困难，人们没有更多的注意力和精力投入到这个方面，这种情况下自然就会遗忘。

　　而且，随着时间的流逝，人们记忆的东西越来越多，因为一些原因可能会导致新的记忆干扰到旧的记忆，这也会导致遗忘。比如，我们认识一个人，同时对这个人有一定的印象，但是后来又认识了一个和这个人同名同姓的人，并且后面这个人还做了一件令我们印象深刻的事情。由于这件事情实在让人无法遗忘，所以当以后提到这个名字的时候我们就会想到这件事情，虽然我们自己也知道是认识两个同名同姓的人，但是还是可能因为这件事情的干扰，使得一提起这个名字，我们可能就只能想起后面这个人，这也是一种遗忘。

　　再有，随着时间的流逝，人们记忆的动机也在不断发生变化。人们所处的环境、地位等发生变化之后，很可能会导致之前记忆的某些信息失去了作用，这样的结果就是人们会失去记忆这些信息的动机。失去了记忆的动机，人们对信息的关注度就会下降，复习和使用的频率也会大大减少，这样逐渐就会产生遗忘。

　　第二，一些心理因素会导致遗忘。

　　心理上的某些因素对记忆力的伤害无疑是更大的，比如说有很大的压力、焦躁的情绪、悲伤、感情受伤等情况，都会对记忆力产生很严重的影响。这样的事情在我们身边就经常发生，例如很多学习很好的学生，经常会在考试的时候发挥得很不理想，平时很熟练的问题考试的时候都回答不出来了，问原因得到的答案是考试的时候紧张，很多东西都忘记了；再比如有些人去面试，本来在之前准备得很充分，可是在面试的时候还是语无伦次，原因也是因为紧张，导致把自己准备的东西全都忘记了。实际上紧张就是心理的焦虑、焦躁引起的，因为紧张而导致的遗忘都是因为受到了心理因素的影响。

重大的创伤所造成的心理阴影，也会导致人们遗忘。一些重大的创伤，比如严重的车祸、地震、洪水、海啸等，可能会对人的生理和心理都造成重大的伤害，这样就会让人在潜意识里拒绝去回忆这些相关的内容，也会导致人们遗忘这些内容。

当人的心理在生活中发生极端的情绪变化时，大多数人就会把精力集中在自己内心的痛苦和斗争上面，从而忽略了对外部世界的注意。这样在记忆上面投入的精力减少到一定程度，自然就会导致记忆力的减退。

因为心理因素而导致的遗忘有时候只是暂时的，因为当人们的注意力重新集中之后，很多东西人们都能够想起来。另外，现代医学对于治疗这些心理问题的手段越来越多，相信在不久之后，心理因素对人们记忆力的影响会越来越小。

第三，一些其他的因素。

导致人们遗忘的因素还有很多，包括头部受伤、营养不良、神经系统问题、乱用药物、吸毒、酗酒、更年期和重大疾病等，当然，这些原因很多时候都是可以避免的。只要避开了这些因素，人们记忆力遗忘的现象一定会得到很大的改变。

遗忘是有规律的

在记忆的过程中，遗忘是必然的。虽然遗忘在每个人身上的表现各不相同，但是它依然是有一定的规律可循的。学者们经过长期的实验和研究后得出结论，认为遗忘的过程中主要有两个规律，一个是艾宾浩斯曲线，一个是系列位置效应。

艾宾浩斯曲线是德国著名的心理学家，通过实验的方法，他研究出记忆遗忘规律。很多人都认为，遗忘的过程是缓慢的，也是不间断的，在时间流逝的同时，记忆也会像一个泄露的容器一样，慢慢地把所有的内容漏空。但是，这种想法是错误的，它是人们对遗忘规律的一种误解。

当然，有一点不可否认，遗忘规律确实和时间的流逝有一定的关系，但绝对不是随着时间的流逝而缓慢、不间断地遗忘，而是一个由快变慢的过程。在这个过程中，遗忘的记忆信息并不均衡。艾宾浩斯经过实验后得出结论，遗忘的过程是遵循着一个对数曲线的变化规律，最初遗忘得很快，然后随着时间的推移，遗忘逐渐减缓。遗忘的过程从信息输入到脑海中的时候就已经开始了。大部分新输入到人们脑海中的信息，可能在 1 个小时之后就会被忘记。但是从这之后遗忘的速度逐渐开始减慢，可能一个月之后，这些新信息的 20% 还留在我们的脑海中。随后剩余这些信息遗忘的过程将更加缓慢，可能在很长的一段时间之后，这些信息还留在我们的脑海中。

艾宾浩斯曲线总结的规律，只能算得上是正常情况下的记忆遗忘的规律。艾宾浩斯自己也认为，很多因素会影响到记忆的遗忘，比如使用的记忆方法、记忆者的重视程度、记忆材料的性质、记忆策略的选择、个人的心理因素等。比如心理紧张和压力大的时候遗忘的速度必然会加快，而当信息受到重视程度非常高的时候，遗忘的速度也一定会减慢。

艾宾浩斯在研究记忆规律的时候，还发现了艾宾浩斯曲线之外的另一种记忆规律，对于一连串的信息，开头的部分和末尾的部分往往比中间的部分更容易记忆，也就是说一连串信息的中间部分，是最容易被遗忘的。这种趋势叫作首位效应和末尾效应，也叫作系列位置效应。

系列位置效应主要是受到被记忆材料的特征的影响，指的是在多个信息连续被记忆的情况下，各个信息因为在记忆时的顺序和位置不同而影响到回忆。一般来说，最后被记忆的信息往往能最先被回忆起来，因为受到近因效应的影响，这些信息被遗忘的最少；因为首因效应的影响，遗忘较少的是最先被记住的信息；处在记忆中间位置的信息是被遗忘得最多的。很多的研究表明，记忆的中间部分更容易被遗忘，它的遗忘次数相当于两端的三倍左右。

系列位置效应形成的原因，主要分为两个方面。如果在信息被记忆之后马上进行回忆，那最先记忆的信息可能已经进入到了长时记忆系统，因此遗忘得比较少；最后记忆的信息可能还处在短时记忆的阶段，回忆起来相当的容易，因此遗忘的也很少；而中间记忆的信息则处在短时记忆向长时记忆过渡的过程中，可能会受到前面信息的阻挡和后面信息的冲击，以及记忆信息之间的相互影响，导致信息流逝，因此遗忘得很多。如果是在记忆信息之后过一段时间再进行回忆，则遗忘现象依然会符合系列位置效应，只是这个时候中间部分信息遗忘得多的原因则是因为受到了前后信息的抑制的影响。其实这种情况和一些老师记忆学生名字的情况差不多，上过这么多年学的人都应该知道，基本上每个老师在记一个班的学生的时候，最先记住的总是学习好的那一部分和学习最差的那一部分，对于中间的那一部分，总是很容易忘记。

系统位置效应给人们带来了一个好处，它相当于给人们指点了一个进行信息的记忆的正确方法，那就是要把最重要的信息放在开头或者是结尾去记忆，而把那些相对来说不重要的信息放在中间去记忆，免得造成人们对重要信息的遗忘。

遗忘的规律也并不是不能够改变的，但是必须要用一定的方法和策略，同时也需要人们自己去努力。只有对记忆信息不断地复习和使用，才能够真正降低遗忘的速度和改变遗忘的规律。一般来说，对于记忆的复习需要坚持五步法则，主要是要求人们要严格把握记忆的时间，第一次是在记忆信息之后马上就进行，第二次是在24小时以后，随后在一个星期后、一个月以后和三个月以后，各进行三次复习，这样就应该能够保证记忆长期留在人们的脑海中，改变遗忘的规律，减少遗忘的损失。

拒绝进入和拒绝访问

很多时候导致人们遗忘的原因是拒绝进入和拒绝访问。

拒绝进入指的是虽然很多信息通过各种各样方式进入到了人的大脑当中，但是却有相当一部分的信息根本就没有进入到人们的记忆库当中，只是形成了感觉记忆和工作记忆这种短时的记忆。

拒绝进入是一种好的现象，因为很多时候它能够阻止一些没有任何意义的信息进入到人们的记忆库当中，这样能够保证记忆库中的空间，也能够避免人们因为一些没有用处的信息而头昏脑涨。但是，它有时候也会阻碍一些对人们有很大作用的信息进入记忆库，这可能导致人们在日常的生活、学习和工作中受到一定的影响。

外界输入到人脑中的信息不能进入记忆库是由很多原因造成的。

第一是记忆的自动过滤。每时每刻输入到人脑当中的信息是不计其数的，这其中有很多的信息都没有任何用处。就比如说我们走在大路上看见一朵花开得很好看，这种信息对我们来说就没有用处。如果让这些信息也进入到人们的记忆库，就很有可能造成记忆库的负载过度，导致一些重要的信息被排除在记忆库之外。因此，当信息被输入到人脑当中的时候，大脑会自动把信息划分成有用的信息和没用的信息，并且把那些没有用的信息排除在记忆库之外。

第二是对信息重复次数不够。很多信息想要进入记忆库并且真正被记住，需要人们不断地重复记忆。如果不进行重复，这些信息就会衰退。就像是我们要背诵一篇很长的文言文，并不是一次就能够全部记住的，需要反复地进行记忆，否则我们就会发现根本就没记住。这是因为很多复杂困难的信息进入人脑之后只是一个过客，没有进入到记忆库当中，只有不断进行循环才能敲开记忆库的大门。在很多时候，简单重复通常都不会形成人们能长期保存的记忆。

第三是缺乏联想关系。很多时候，有一些信息看起来是没有用处的，但是实际上对人们的用处很大。因为人们不能够发现这些信息的用处，导致这些信息输入到人的大脑当中后，会被大脑当作是无用的信息进行处理，从而排除在记忆库之外，这就使人们丧失了对这些信息进行记忆的机会。因此，有时候当信息输入到大脑当中之后，我们需要花费一些时间，发挥想象力，把这些信息和记忆库中已知的一些重要信息建立一定的联系，判断新输入到人脑当中的信息到底是不是有用处。

第四是对信息缺乏理解。想要把信息记得牢固，就一定要充分理解信息所包含的意义。许多时候，因为人们不能对信息的意义有充足的理解，会导致人们明明知道是重要的信息，却没有办法把信息记住，这就造成了很多重要信息的丢失。就像我们记住一个数学公式，单纯地记住这个公式并没有任何帮助，只有理解了这个公式的用途之后再记住它，它才会对人们有帮助。所以，很多时候一些重要的信息无法进入人的记忆库的原因的就是人们对这些信息缺乏足够的理解。

拒绝访问就是记忆的重现，指的是很多信息明明已经被记住了，但是当人们再想提取和使用的时候，却没有办法正常访问。

记忆并不是磁带，很多时候它都不会像磁带一样想重复就重复，很多原因都会造成记忆没有办法被访问的情况。

第一是信息被加工的深度和广度不够。一般情况下，大家都认为，信息在首次加工的时候越精细，就越有助于记忆，越不容易被遗忘。很多时候我们不能想起以前记忆的东西，就是因为在记忆的时候，对信息加工得不够精细。比如说我们记忆一块像一匹马的形状的石头，如果只是记住那是一块石头，我们以后就很难回想起它，因为在我们的记忆中可能会有无数的石头。但是，如果我们在记忆的时候对这块石头进行一下简单的加工，就记住这是一块像一匹马的形状的石头，我们以后再想起这块石头就一定很容易，因为它在我们的记忆当中是独一无二的。

第二是选择的记忆方式不对。信息的记忆是需要选择正确的方式的，很多时候选择正确的方式记忆信息会比选择其他方式记忆同样的信息的时间更持久。比如说我们记忆一个人，肯定要先记清楚这个人长什么样子，之后再去记他的名字，这样以后再想起这个人就会想起他的样子，就很难忘记。如果只是记住名字，以后回想起来就可能只想起这个名字，对于这个名字代表的是谁则完全不清楚，这就没有任何意义。

第三是记忆信息之间相互的干扰。记忆信息的时候会受到一些信息的干扰，访问记忆的时候也同样会受到一些信息的干扰。比如说我们在一天之内认识了很多人，知道了他们的名字和长相，但是很可能在第二天的时候我们会把人的样子和名字对不上号，这是因为这些信息输入到人脑当中的时间相近，信息的内容也十分相似。非常类似的信息比有明显区别的信息之间更容易互相干扰。

第四是缺乏足够的联系和暗示。很多时候失去了某些联系之后可能会影响记忆的访问。比如说我们在一部电影里面知道了一个明星，因为他扮演的人物实在是太好了，所以我们就记住了这个明星和他扮演的这个人物。而当这个明星出现在另外一部电影里面扮演另一个人物的时候，我们很可能会感觉这个人在哪里见过，但是就是想不起来，需要经过长时间的思考才能想起来这就是扮演先前那个角色的人。其实这就是因为两者之间脱离了联系才导致人们没有办法回忆起来。暗示也是同样的道理，还是这个例子，或许我们需要经过别人的提醒才能够想起来这个明星到底是谁，这就是一种暗示，如果没有这个暗示，我们同样很难回忆起来。

自己的记忆力担忧

在现实生活中，有很多人总是因为自己记不住一些东西，总是抱怨自己的记忆，这是一种没有任何作用和意义的行为。记忆的主要问题就是记忆障碍，但是人们在对记忆抱怨的时候，并不能说明自己就有记忆障碍，因为没有疾病就没有记忆障碍。

很多时候，抱怨自己记忆的人其实都是杞人忧天，许多抱怨自己的记忆不好的人在进行记忆检查后都会发现，自己的记忆完全没有任何问题。一般情况下，人们认为自己的记忆力不好主要是由于缺乏注意力而造成的。要知道，想要记住某些信息，就一定要在这些信息上投入一定的精力和注意力，否则任何信息都很难记住。但是，由于输入到人脑当中的信息实在数量过多并且内容复杂，导致有时候人们没有办法在某些信息上面集中自己的注意力，这样就造成人们认为自己没有办法记住一些重要的信息，记忆力太差。

有时候人们的抱怨也是有一定的道理的，比如说一个被别人重复了无数次的问题仍然没有办法记住；经常会提醒自己但还是没有记住某个重要的日子；经常在马路上迷失方向，不论这条路是否走过；经常给某个亲密的人打电话却仍然没有记住人家的电话号码等，这些都是记忆力出现障碍的征兆。如果出现了这样的问题再去抱怨记忆力吧，因为这是真的出现了记忆力的障碍。

记忆力是否出现障碍并不是靠个人的感觉来决定的，这需要一系列的诊断之后才能确定。这种诊断并不是像我们去医院看病一样，要抽血、化验、做各种检查，而只是做一些关于记忆力的测试，通过这种手段来确定一个人的记忆力是否存在障碍。这种测试包括很多方面，有视觉记忆测试、听觉记忆测试、文化知识测试、个人经历问答等，它不仅需要测试一个人各个方面的记忆力，还要注重一个人的注意力、语言能力、演绎推理能力等各个方面的能力，测试可能是简单的，也可能是复杂的，只有把这些测试所得到的结果综合起来，才能对一个人的记忆力做出准确的判断。当人的记忆力如果真的出现问题之后，通过这些测试是很容易判断出来的。

如果测试的结果能证明自己的记忆力没有问题，那就不需要再去抱怨了，只要想办法集中自己的注意力，或者使用记忆术帮助，应该就能够很快改变自己记忆力不好的问题。如果有人在进行过测试和诊断之后，发现自己的记忆力真的出现了记忆力障碍的问题，那么就一定要抓紧时间进行治疗了。应该抓紧时间到医院进行一定的检查，大多数情况下，记忆力障碍都是由某些疾病引起的，比方说脑部疾病或是其他的一些疾病。通过医院的医学影像或是核磁共振等医学项目的检查，找到自身病症的根源，抓紧时间进行治疗，尽早除去病症。只要把疾病彻底去除，那么记忆力也就能够很快恢复。

记忆的局限

记忆并不是完美无缺的，它有一定的局限性，最直接的表现就是不准确或者是错误的记忆会给人们带来严重的影响。这种影响有时候会给人们造成巨大的伤害，比如说有些人可能会因为一些错误的记忆而导致自己失去一些重要的东西，因此所有人都会努力地去避免自己的记忆出现错误和不准确的因素。但是，记忆具有复杂性，这种复杂性会很容易导致记忆的歪曲，因此记忆出现错误这种事情不可避免。

记忆是一个复杂的过程，它包括信息的输入、储存和提取等几个环节。在这个过程当中，任何一个环节出现一点问题都会导致我们的记忆出现错误和不准确的因素。

记忆出现错误的主要原因是受到外界的影响。记忆的网络是复杂的，它是由感觉、情绪、话语、思想、情感、感官知觉、智力和想象等组成的，这种组成结构很容易受到人们主观意识的影响，比如说外界输入的信息、数据、事实、地点和事件等，一旦人的主观意识因为外界的影响而出现问题，人的记忆就会出现错误。另外，人的记忆痕迹也不能总保持一个完整的状态，它会随着时间的流逝和外界的影响而发生改变。即使是人的记忆痕迹非常清晰，也同样会因为某种原因的影响而极易发生变化，导致记忆出现错误，比如误解、分心、忘记别人的意见和建议等。

很多因素都会对人的记忆产生不好的影响，包括回忆提示的缺失；新记忆的信息对以前记忆的信息的干扰；记忆的衰退和错误的应用；内心的压抑；个人的感觉或经验；别人的指点和建议；等等。这些因素当中的任何一个因素都会对原始的记忆痕迹产生一定的干扰，导致人的记忆出现错误。比如内心的压抑，其实就是心理压力过大所造成的结果，这种压力可能会导致人的精神出现问题或产生一些疾病，抑郁症就是这种压力下的产物。一旦人受到的压力超过自身的承受极限就很可能会逃避现实，产生一些幻想，这些幻想会让人的心灵得到一定的安慰，人会不自觉地把自己的幻想当成发生过的事情，变成记忆，这就导致人的记忆发生严重错误。

由于内心的压抑而产生幻想所带来的记忆错误，是一种人为创造出来的错误。事实上，错误的记忆也并不完全是人为创造出来的，还有一些是因为人本身正确的记忆被歪曲而产生的。比如两个人共同做了一件事情，其中一个人因为某些原因把这件事情彻底忘记了，如果想要再回忆起这件事情，就需要另一个人的帮助。这个时候，就算另一个人说的情况和当时发生的情况不一样，那这个人也会相信，并且一旦次数多了还会把这个错误的情况当成自己的记忆，这样，人的记忆也会发生错误。

人的注意力或者是精力上发生问题，同样会导致记忆的错误，比如疏忽或者分心。这样的事情在现实中我们会经常遇到，就像我们要学习一个重要的知识，但是却因为自己的疏忽、大意导致注意力不集中，从而忽略了知识当中的关键点，导致我们以后用到这个知识的时候总会出现错误，这就是因为我们的记忆出现错误的原因。分心也是一样，本来我们应该记住某件事情，但是在记这件事情的时候我们又去记别的事情，这样就很可能导致我们所有事情都没有记好或是出现混淆，也会出现记忆错误。想要解决这种情况很简单，只要在记忆任何事情的时候集中注意力，这样就能够避免因为疏忽或者是分心所带来的记忆错误。

记忆中的误差同样是记忆的局限之一。记忆的误差主要存在于一些相似的信息、道听途说的信息、漫不经心的记忆和对信息的误解上。比如说对人的误解，每个人的性格都有很多方面，可能一个人本来是一个罪大恶极的罪犯，但是因为某些事情上面他帮助了你一次，这样在你的记忆中，这个人可能就是一个好人，这其实就是记忆的误差。再比如你想要买一件东西，可能听说这件东西是多少钱，所以在你的记忆中这件东西就是这些钱，但实际上东西的价格并不是这样的，这也是记忆的误差。记忆的误差对人同样有很大的坏处，它可能导致人们在某些事情上面做出错误的判断，影响人们很多计划的实施。

记忆误差不同于记忆错误，只要人们多发现、多记忆，并且集中自身的注意力，记忆错误可能很快就会发现。记忆误差在大多数时候是不容易被发现的，因为人们总是会把它当作是真实的信息记忆起来，并且在应用的时候也非常自信。

记忆误差在很多时候都不可避免，这就要求人们在记忆的时候一定要记忆全面的信息，或者是记忆那些自己能够确定真实的信息，尽量把记忆误差降低到最少。

记忆扭曲也属于记忆的局限。记忆扭曲是指因为某些原因而使人们的记忆发生了一些改变。记忆扭曲主要发生在一些犯罪事件当中的目击者身上，很多因素会使犯罪事件的目击者记忆发生扭曲：比如巨大的压力，因为压力会造成目击者注意力的改变，导致他们的感官发生偏差；比如目击者遭受到了暴力的胁迫，也会使记忆变得扭曲、不准确；犯罪现场的一些其他信息吸引了人们的一部分注意力，或者是某些信息过于吸引人，也会造成记忆的扭曲，比如说目击者只注意了罪犯的衣着却忽略了罪犯的样子，这会导致穿着同样衣服的人都会被认为是罪犯。还有一个重要的原因也会使记忆发生扭曲，那就是主导性的提问，包括假定和暗示发生了某些事情。

记忆可以被引导

记忆是可以被引导的，在很多时候，记忆也需要被引导。比如说我们背诵一篇文章，本来已经全部记下来了，但是在背诵的时候由于某些因素而在中间卡住、背诵不出来了，这个时候如果有人提示一下，我们就能够继续背诵下去，这就是一种对记忆的引导。

引导就是在检索事件之前，连续提供一些精心挑选的内容，帮助人们顺利提取记忆信息，这是一种能够影响记忆的暗示。学生们在考试的时候，经常会碰到填空题，就是给一句话，中间有几个地方是空着的，需要学生去填写正确的词语或句子，那些已经给出的词语和句子起到的就是一种引导作用，引导学生们填写上没有给出的词语和句子。再比如以前有一个综艺节目中，有一个环节就是给出一段歌词，然后让嘉宾接出下面的歌词，那些已经给出的歌词的作用也是引导嘉宾的记忆。

引导的作用是巨大的，通过对记忆的引导，人们可能会了解和解决一些很重要的事情。比如说我们丢失了一件很重要的物品，但是怎么也想不起来是在哪里丢的，这个时候就需要对记忆进行引导，要先想起自己都去了哪里，然后做了什么，还有最后一次看到这件物品是在哪里等，通过这样一层一层的引导，找到物品丢失的地点，随后再去寻找。警务人员查一些重大的案件，比如杀人案时，很多目击者可能是因为受到了惊吓或刺激而不愿意去回忆当时的场面，这就会给警务人员查案带来很严重的困难，这个时候，为了顺利的破案，警务人员就需要对目击者进行引导，引导他们说出自己所看到的真相，以此来方便自己顺利破案。

引导也包括两个方面，一种是正确的引导，一种是错误的引导，也就是误导。对记忆进行正确的引导主要就是为了让人们能够想起一些重要的事情，起到的作用是积极的，它能让人们重新找回已经遗忘的记忆。误导是一些人为了达到某些目的而做出的一些错误的引导，一旦误导成功，很可能会出现一些严重的问题。就像我们看电视剧里，有一些律师为了能够让自己的雇主脱罪，在问询证人的时候会故意朝一些错误的方面进行引导，这就是误导。这样做的结果会打断证人的思路，让证人做出一些错误的证词或者没有办法再继续做证，导致明明有罪的人却不能被绳之以法，这就是误导可能带来的后果。误导并不能够消除人们的真正记忆，只是让人们对自己的某些记忆产生困惑和不信任。只要对自己的记忆有足够的自信，无论任何时候都以自己的记忆为准，误导其实是可以避免的。

任何人的记忆都有可能被引导，这一点每个人应该都能感受得到。但是，经过研究证明，记忆最容易被引导的人群还是儿童。因为儿童的许多事情都要依靠成年人，有些时候，为了取悦成年人和获得成年人的信任，儿童的记忆就会在压力之下变得脆弱不堪。一旦出现这种情况，儿童的记忆就很容易受到成年人的引导。

不同性质的遗忘症

遗忘症就是记忆的丧失，指的是人们对一定时间内的生活经历完全丧失或者是部分丧失。随着年龄的增长，许多人的记忆力下降，出现记忆障碍等问题，这就是遗忘症。

一般来说，遗忘症患者都拥有正常的智力、语言能力和瞬时记忆的广度。遗忘症患者并没有失去记忆的能力，只是长期记忆受到了损害，这种损害主要表现在一些外显记忆上，即对事实、时间或者能够回忆并有意识表达的陈述性记忆上，对内隐记忆的影响是很小的。即使得了遗忘症，患者也可以形成一些新的程序性记忆，比如一些习惯性的事情，像开车等。

遗忘症可能由很多原因引起，一种是大脑的损伤，一种是心理的损伤，还有一种是突发性的遗忘症。

大脑的损伤所引起的遗忘症主要包括顺行性遗忘和逆行性遗忘。

顺行性遗忘也叫近事遗忘症，意思是记忆信息的丧失发生在大脑受损伤之后，即大脑损伤之后无法记忆新的信息。

逆行性遗忘也叫远事遗忘症，意思是记忆信息的丧失发生在大脑受损伤之前，即大脑损伤之前所存储的信息很难找回来，这其中不包括一些先前的个人经历以及一些基本的文化知识。

引起大脑损伤的原因有很多，包括由某些疾病引起的，或者是因为某些意外造成了记忆的重要区域的损伤。

一是疱疹性脑炎。疱疹病毒会引起大脑内部某些区域的严重坏死，从而会导致近事遗忘症、某些已获得知识的遗忘和某些行为障碍。这种原因引起的遗忘症通常是永久性的，非常严重。

二是脑血管意外，包括脑出血、脑梗死等。脑血管意外会造成大脑内部某些区域的损毁。这些区域不一定和记忆有关，但是一旦和记忆有关的部位发生损毁，就会造成遗忘症的产生。

三是科萨科夫综合征。这是由俄罗斯医生科萨科夫提出的一种罕见病症，这种病症产生的原因是人体内缺乏某些重要的维生素，从而造成大脑中应用于记忆的某些结构损坏，从而产生严重的遗忘症。

四是双海马脑回遗忘综合征。这种病症主要是由于海马脑回的损伤而造成的。海马脑回是进入记忆环路的入口，是记忆功能中十分重要的结构，它的损伤自然会导致严重的遗忘症。

五是帕金森病。帕金森病是最常见的精神疾病之一，它所造成的病变主要位于大脑中对程序记忆起到决定性作用的区域，因此会造成与注意力相关的短期记忆困难，使人们学习某种技艺的能力受到影响。

六是意识模糊遗忘综合征。这种情况是因为人体的某些整体功能退化而产生的，主要是新陈代谢紊乱和药物影响等造成人的注意力不集中，从而使人的意识越来越模糊，记忆力也逐渐受到影响。

七是颅骨创伤。颅骨创伤主要是因为头部遭到碰撞而引起的，主要包括交通事故、意外跌倒、工作或运动意外以及头部受到袭击等。轻微的颅骨创伤可能会导致暂时的记忆障碍，甚至不会出现任何问题。严重的颅骨创伤则会导致大脑中一些和记忆有关的部位，如颞叶和额下叶等受到严重的损伤，造成近事遗忘症或远事遗忘症。如果造成人昏迷不醒，则有可能导致更严重的遗忘症。

并不是所有的遗忘症都是由大脑损伤造成的，一些心理学家认为，有些遗忘症是由心理因素或者情感因素引起的。心理损伤引起的遗忘症主要包括选择性遗忘、分离性遗忘和界限性遗忘。

选择性遗忘是指为了满足一些特殊的心理需要和感情需求，经过高度选择之后，遗忘某些记忆。比如为了否认某些事情发生的事实而完全忘记这些事情发生的经过。

分离性遗忘是指患者本身所具有的知识和能力与其曾发生过的遗忘之间有着很明显的矛盾和距离，一方面遗忘了一些从事各种复杂事情和活动的能力，另一方面又会经常遗忘很多重要的事情。

界限性遗忘是指患者对过去生活中某个阶段的明确事件和经历完全没有记忆。这种遗忘所忘掉的经历通常是一些造成人们强烈的愤怒、恐惧和羞辱的事情，人们因为心理的原因而不愿意提及这些事情，所以产生了遗忘症。颅骨的损伤同样可能导致界限性遗忘。

心理损伤主要是由于人们受到了一些重大的刺激之后而产生

的。人们一旦受到重大的刺激，心理很可能会没办法接受，特别是受到了严重的羞辱或者感情伤害，这样就会导致人们不愿意去记忆这些事情，因而产生了遗忘症。由心理损伤所引起的遗忘症并不一定是真正的遗忘，只是人们在某些状态下做出的一种有利于自己的选择，如果能够经过正确的引导，因为心理损伤所引起的遗忘是可以重新记忆起来的。

除了由大脑损伤和心理损伤引起的遗忘症之外，还有一种突发性的遗忘症。

突发性遗忘症大多发生在患者 50 岁以后，主要是因为争吵、被偷窃、不好的信息、某个人意外去世、突然改变环境、剧烈疼痛等引起的情绪波动，造成大脑中有关记忆的不稳出现某些问题，导致记忆的暂时中断所引起的。

突发性遗忘症可能会迅速引起严重的失忆，同时也会引起近事遗忘症。人可能会突然之间忘记几秒钟之前记住的信息，并且很难想起来，即使是给其提供几个选项去选择，也依然无法想起来。突发性遗忘症的患者完全意识不到自己的病症，只是对某些事情非常焦虑和困惑，而对于其他的事情的记忆则完全正常。就算是进行临床性的检查，患者也是完全正常的，也就是说突发性遗忘症没有办法治疗。所幸突发性遗忘症只是暂时的，患者可能在经过一段时间之后，症状就会完全消失，并且不再复发，也没有任何后遗症。

改变命运的记忆术

记忆无时无刻不在与人们的生活、学习发生着紧密的联系。没有记忆人就无法生存。

历史上，从希腊社会以来，就有一些不可思议的记忆技巧流传下来，这些技巧的使用者能以顺序、倒序或者任意顺序记住数百数千件事物，他们能表演特殊的记忆技巧，能够完整地记住某一个领域的全部知识等等。

后来有人称这种特殊的记忆规则为"记忆术"。随着社会的发展，人们逐渐意识到这些方法能使大脑更快、更容易记住一些事物，并且能使记忆得保持得更长久。

实际上，这些方法对改进大脑的记忆非常明显，也是大脑本来就具有的能力。

有关研究表明，只要训练得当，每个正常人都有很高的记忆力，人的大脑记忆的潜力是很大的，可以容纳下 5 亿本书那么多的信息——这是一个很难装满的知识库。但是由于种种原因，人的记忆力没有得到充分的发挥，可以说，每个人可以挖掘的记忆潜力都是非常巨大的。

思维导图，最早就是一种记忆技巧。

从以上章节介绍中，我们已经了解到，人脑对图像的加工记忆能力大约是文字的 1000 倍。让你更有效地把信息放进你的大脑，或是把信息从你的大脑中取出来，一幅思维导图是最简单的方法——这就是作为一种思维工具的思维导图所要做的工作。

在拓展大脑潜力方面，记忆术同样离不开想象和联想，并以想象和联想为基础，以便产生新的可记忆图像。

我们平时所谈到的创造性思维也是以想象和联想为基础。两者比较起来，记忆术是将两个事物联系起来从而重新创造出第三个图像，最终只是达到简单地要记住某个东西的目的。

思维导图记忆术一个特别有用的应用是寻找"丢失"的记忆，比如你突然想不起了一个人的名字，忘记了把某个东西放到哪去了，等等。

在这种情况下，对于这个"丢失"的记忆，我们可以采用思维的联想力量，这时，我们可以让思维导图的中心空着，如果这个"丢失"的中心是一个人名字的话，围绕在它周围的一些主要分支可能就是像性别、年龄、爱好、特长、外貌、声音、学校或职业以及与对方见面的时间和地点等等。

通过细致地罗列，我们会极大地提高大脑从记忆仓库里辨认出这个中心的可能性，从而轻易地确认这个对象。

据此，编者画了一幅简单的思维导图：

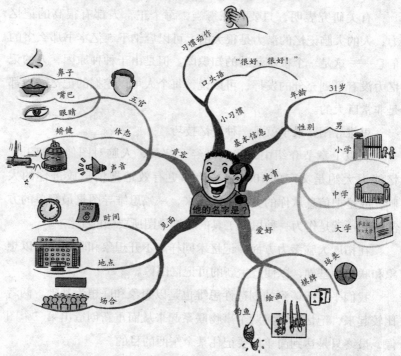

受此启发，你也可以回想自己曾经忘记的人和事，借助思维导图记忆术把他们——"找"回来。

如果平时，我们尝试把思维导图记忆术应用到更广的范围的话，那么就会有效地解决更多的问题。

思维导图记忆术需要不断地练习，让它潜移默化你的生活、学习和工作，才会发生更大的效用，甚至彻底改变你的人生。

右脑的记忆力是左脑的 100 万倍

关于记忆，也许有不少人误以为"死记硬背"同"记忆"是同一个道理，其实它们有着本质的区别。死记硬背是考试前夜那种临阵磨枪、实际只使用了大脑的左半部，而记忆才是动员右脑积极参与的合理方法。

在提高记忆力方面，最好的一种方法是扩展大脑的记忆容量，即扩展大脑存储信息的空间。有关研究也表明，在大脑容纳信息量和记忆能力方面，右脑是左脑的一百万倍。

首先，右脑是图像的脑，它拥有卓越的形象能力和灵敏的听觉，人脑的大部分记忆，也是以模糊的图像存入右脑中的。

其次，按照大脑的分工，左脑追求记忆和理解，而右脑只要把知识信息大量地、机械地装到脑子里就可以了。右脑具有左脑所没有的快速大量记忆机能和快速自动处理机能，后一种机能使右脑能够超快速地处理所获得的信息。

这是因为，人脑接受信息的方式一般有两种，即语言和图画。经过比较发现，用图画来记忆信息时，远远超过语言。如果记忆同一事物时，能在语言的基础上加上图或画这种手段，信息容量就会比只用语言时要增加很多，而且右脑本来就具有绘画认识能力、图形认识能力和形象思维能力。

如果将记忆内容描绘成图形或者绘画，而不是单纯的语言，就能通过最大限度动员右脑的这些功能，发挥出高于左脑的一百万倍的能量。

另外创造"心灵的图像"对于记忆很重要。

那么，如何才能操作这方面的记忆功能，并运用到日常生活中呢？现在开始描述图像法中一些特殊的规则，来帮助你获得记忆的存盘。

1. 图像要尽量清晰和具体

右脑所拥有的创造图像的力量，可以让我们"想象"出图像以加强记忆的存盘，而图像记忆正是运用了右脑的这一功能。研究已经发现并证实，如果在感官记忆中加入其他联想的元素，可以加强回忆的功能，加速整个记忆系统的运作。

所以，图像联想的第一个规则就是要创造具体而清晰的图像。具体、清晰的图像是什么意思呢？比方我们来想象一个少年，你的"少年图像"是一个模糊的人形，还是有血有肉、呼之欲出的真人呢？如果这个少年图像没有清楚的轮廓，没有足够的细节，那就像将金库密码写在沙滩上，海浪一来就不见踪影了。

下面，让我们来做几个"心灵的图像"的创作练习。

创造"苹果图像"。在创作之前，你先想想苹果的品种，然后想到苹果是红色绿色或者黄色，再想一下这颗苹果的味道是偏甜还是偏酸。

创造一幅"百合花图像"。我们不要只满足于想象出一幅百合花的平面图片，而要练习立体地去想象这朵百合花，是白色还是粉色；是含苞待放还是娇艳盛开。

创造一幅"羊肉图像"。看到这个词你想到了什么样的羊肉呢？是烤全羊，是血淋淋的肉片，还是放在盘子里半生不熟的羊排？

创作一幅"出租车图像"。你想象一下出租车是崭新的德国奔驰，老旧的捷达，还是一阵黑烟（出租车已经开走了）？车牌是什么呢？出租车上有人吗？乘客是学生还是白领？

这些注重细节的图像都能强化记忆库的存盘，大家可以在平时多做这样的练习来加强对记忆的管理。

2. 要学会抽象概念借用法

如果提到光，光应该是什么样的图像呢？这时候我们需要发挥联想的功能，并且借用适当的图像来达成目的。光可以是阳光、月光，也可以是由手电筒、日光灯、灯塔等反射出来的……美味的饮料可以是现榨的新鲜果蔬汁、也可以是香醇可口的卡布奇诺、还可以是酸酸甜甜的优酪乳……法律可以借用警察、法官、监狱、法槌等。

3. 时常做做"白日梦"

当我们的身体和精神在放松的时候，更有利于右脑对图像的创造，因为只有身心放松时，右脑才有能量创造特殊的图像。当我们无聊或空闲的时候，不妨多做做白日梦，当我们在全身放松的状态下时所做的白日梦，都是有图像的，那是我们用想象来创造的很清晰的图像。因此应该相信自己有这个能力，不要给自己设限。

4. 通过感官强化图像

即我们熟知的五种重要的感官——视觉、听觉、触觉、嗅觉、味觉。

另外，夸张或幽默也是我们加强记忆的好方法。如果我们想到猫，可以想到名贵的波斯猫，想到它玩耍的样子。如果再给这只可爱的猫咪加点夸张或幽默的色彩呢？比如，可以把猫想象成日本卡通片中的机器猫，或者把猫想象成黑猫警长，猫会跟人讲话，猫会跳舞等。这些夸张或者幽默的元素都会让记忆变得生动逼真！

总之，图像具有非常强的记忆协助功能，右脑的图像思维能力是惊人的，调动右脑思维的积极性是科学思维的关键所在。

当然，目前发挥右脑记忆功能的最好工具便是思维导图，因为它集合了图像、绘画、语言文字等众多功能于一身，具有不可替代的优势。

被称作天才的爱因斯坦也感慨地说："当我思考问题时，不是用语言进行思考，而是用活动的跳跃的形象进行思考。当这种思考完成之后，我要花很大力气把它们转化成语言。"

国际著名右脑开发专家七田真教授曾说过："左脑记忆是一种'劣质记忆'，不管记住什么很快就忘记了，右脑记忆则让人惊叹，它有'过目不忘'的本事。左脑与右脑的记忆力简直就是1：1000000，可惜的是一般人只会用左脑记忆！"

我们也可以这样认为，很多所谓的天才，往往更善于锻炼自己的左右脑，而不是单独地使用左脑或者右脑；每个人都应有意识地开发右脑形象思维和创新思维能力，提高记忆力。

思维导图里的词汇记忆法

思维导图更有利于我们对词汇的理解和记忆。

不论是汉语词汇还是外语词汇，我们都需要大量地使用它们。但我们很多人面临的一个普遍问题是，怎样才能更好更快地记住更多的词汇？

对词汇本身来说，它具有很大的力量，甚至可以称作魔力。法国军事家拿破仑曾说："我们用词语来统治人民。"

在这里，我们以英语词汇为例，帮助学习者利用思维导图更高效快捷地学习。

1. 思维导图帮助我们学习生词

我们在英语词汇学习中，往往会遇到大量的多义词和同音异义词。尽管我们会记住单词的某一个意思，可是当同样的单词出现在另一个语言场合中时，对我们来说就很有可能又会成为一个新的单词。

面对多义词学习，我们可以借助思维导图，试着画出一个相对清晰的图来，以帮助我们更方便地学习。例如，"buy"（购买）这个单词，可以作为及物动词和不及物动词来使用，还可以作为名词来使用。

所以，将其当作不同的词性使用时，它就具有不同的意思和搭配用法。而据此，我们可以画出"buy"的思维导图，帮助我们归纳出其在字典中所获信息的方式，进而用一种更加灵活的方式来学习单词。

如果我们把"buy"的学习和用法用思维导图的形式表示出来，不仅可以节省我们学习单词的时间，提高学习的效率，更会大大促进学习的能动性，提高学习兴趣。

2. 思维导图与词缀词根

词缀法是派生新英语单词的最有效的方法，词缀法就是在英语词根的基础上添加词缀的方法。比如"-er"可表示"人"，这类词可以生成的新单词，比如，driver 司机，teacher 教师，labourer 劳动者，runner 跑步者，skier 滑雪者，swimmer 游泳者，passenger 旅客，traveller 旅游者，learner 学习者 / 初学者，lover 爱好者，worker 工人，等等，所以，要扩大英语的词汇量，就必须掌握英语常用词缀及词根的意思。

思维导图可以借助相同的词缀和词根进行分类，用分支的形式表示出来，并进行发散、扩展，从而帮助我们记忆更多的词汇。

3. 思维导图和语义场帮助我们学习词汇

语义场也是一种分类方法，研究发现，英语词汇并不是一系列独立的个体，而是都有着各自所归属的领域或范围的，他们因共同拥有某种共同的特征而被组建成一个语义场。

我们根据词汇之间的关系可以把单词之间的关系划分为反

义词、同义词和上下义词。上义词通常是表示类别的词，含义广泛，包含两个或更多有具体含义的下义词。下义词除了具有上义词的类别属性外，还包含其他具体的意义。如：chicken — rooster, hen, chick；animal — sheep, chicken, dog, horse。这些关系同样可以用思维导图表现出来，从而使学习者能更加清楚地掌握它们。

4. 思维导图还可以帮助我们辨析同义词和近义词

在英语单词学习中，词汇量的大小会直接影响学习者听说读写等其他能力的培养与提高。尽管如此，已被广泛使用的可以高效快速地记忆单词词汇的方法并不是很多。本节提出利用思维导图记忆单词的方法，希望对学习词汇者能有所帮助。毫无疑问，一个人对积极词汇量掌握的多少，有着至关重要的作用。然而，学习积极词汇的难点就在于它们之中有很多词不仅形近，而且在用法上也很相似，很容易使学习者混淆。

如果我们考虑用思维导图的方式，可以进行详细的比较，在思维导图上画出这些单词的思维导图，不仅可以提高学生的记忆能力，对其组织能力及创造能力也有很大的帮助。可以说，词汇的学习有很大的技巧，也有可以凭借的工具，其中最有效的记忆工具便是思维导图。在这里，我们介绍的只是思维导图能够帮助我们记忆词汇的一些方面，其他的还有记忆性关键词与创意性关键词等词汇记忆方法，在这里，我们就不详细讲解了。

不想遗忘，就重复记忆

很多学生都会有这样的烦恼，已经记住了的外语单词、语文课文，数理化的定理、公式等，隔了一段时间后，就会遗忘很多。怎么办呢？解决这个问题的主要方法就是要及时复习。德国哲学家狄慈根说，重复是学习之母。

复习是指通过大脑的机械反应使人能够回想起自己一点也不感兴趣的、没有产生任何联想的内容。艾宾浩斯的遗忘规律曲线告诉我们：记忆无意义的内容时，一开始的 20 分钟内，遗忘 42%；1 天后，遗忘 66%；2 天后，遗忘 73%；6 天后，遗忘 75%；31 天后，遗忘 79%。古希腊哲学家亚里士多德曾说："时间是主要的破坏者。"

我们的记忆随着时间的推移逐渐消失，最简单的挽救方法就是重习，或叫作重复。我国著名科学家茅以升在 83 岁高龄时仍能熟记圆周率小数点以后 100 位的准确数值，有人问过他，记忆如此之好的秘诀是什么，茅以升先生只回答了 7 个字"重复、重复再重复"。可见，天才并不是天赋异禀，正如孟子所说："人皆可以为尧舜。"佛家有云："一阐提人亦可成佛。"只要勤学苦练，也是可以成为了不起的人的。

虽然重复能有效增进记忆，但重复也应当讲究方法。

一般，要在重复第三遍之前停顿一下，这是因为凡在脑子中停留时间超过 20 秒钟的东西才能从瞬间记忆转化为短时记忆，从而得到巩固并保持较长的时间。当然，这时的信息仍需要通过复习来加强。

那么，每次间隔多久复习一次是最科学的呢？

一般来讲，间隔时间应在不使信息遗忘的范围内尽可能长些。例如，在你学习某一材料后一周内的复习应为 5 次。而这 5 次不要平均地排在 5 天中。信息遗忘率最大的时候是：早期信息在记忆中保持的时间越长，被遗忘的危险就越小。所以在复习时的初期间隔要小一点，然后逐渐延长。

我们可以比较一下集合法和间隔法记忆的效果。

如要记住一篇文章的要点，你又应怎样记呢？

你可以先用"集合法"，即把它读几遍直至能背下来，记住你所耗费的时间。在完成了用"集合法"记忆之后，我们看看用"间隔法"的情况。这回换成另一段文章的要点：看一遍之后目光从题上移开约 10 秒钟，再看第二遍，并试着回想它。

如果你不能准确地回忆起来，就再将目光移开几秒钟，然后再读第三遍。这样继续着，直至可以无误地回忆起这几个词，然后写出所用时间。

两种记忆方法相比较，第一种的记忆方式虽然比第二种方法快些，但其记忆效果可能并不如第二种方法。许多实验也都显示出间隔记忆要比集合记忆有更多的优点。

心理学家根据阅读的次数，研究了记忆一篇课文的速度：如果连续将一篇课文看 6 遍和每隔 5 分钟看一遍课文，连看 6 遍，两者相比较，后者记住的内容要多得多。

心理学家为了找到能产生最好效果的间隔时间，做过许多的实验，已证明理想的阅读间隔时间是 10 分钟至 16 小时不等，根据记忆的内容而定。10 分钟以内，非一遍记忆效果并不太好，超过 16 小时，一部分内容已被忘却。

间隔学习中的停顿时间应能让科学的东西刚好记下。这样，在回忆印象的帮助下你可以在成功记忆的台阶上再向前迈进一步。当你需要通过浏览的方式进行记忆时，如要记一些姓名、数字、单词等，采用间隔记忆的效果就不错。假设你要记住 18 个单词，你就应看一下这些单词。在之后的几分钟里自己也要每隔半分钟左右就默念一次这些单词。

这样，你会发现记这些单词并不太困难。第二天再看一遍，这时你对这些单词可以说就完全记住了。

在复习时你可以采用限时复习训练方法：

这种复习方法要求在一定时间内规定自己回忆一定量材料的内容。例如，一分钟内回答出一个历史问题等。这种训练分 3 个步骤：

第一步，整理好材料内容，尽量归结为几点，使回忆时有序可循。整理后计算回忆大致所需的时间；

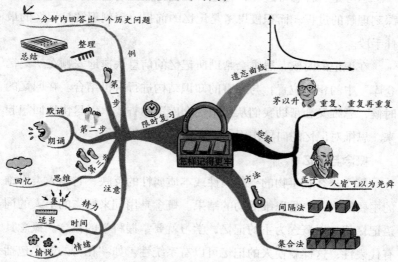

第二步，按规定时间以默诵或朗诵的方式回忆；

第三步，用更短的时间，以只在大脑中思维的方式回忆。

在训练时要注意两点：

首先，开始时不宜把时间卡得太紧，但也不可太松。太紧则多次不能按时完成回忆任务，就会产生畏难的情绪，失去信心；太松则达不到训练的目的。训练的同时还必须迫使自己注意力集中，若注意力分散了将会直接影响反应速度，要不断暗示自己。

其次，当训练中出现不能在额定时间内完成任务时，不要紧张，更不要在烦恼的情况下赌气反复练下去，那样会越练越糟。应适当地休息一会儿，想一些美好的事，使自己心情好了再练。

总之，学习要勤于复习，勤于复习，记忆和理解的效果才会更好，遗忘的速度也会变慢。

思维是记忆的向导

思考是一种思维过程，也是一切智力活动的基础，是动脑筋及深刻理解的过程。而积极思考是记忆的前提，深刻理解是记忆的最佳手段。

在识记的时候，思维会帮助所记忆的信息快速地安顿在"记忆仓库"中的相应位置，与原有的知识结构进行有机结合。在回忆的时候，思维又会帮助我们从"记忆仓库"中查找，以尽快地回想起来。思维对记忆的向导作用主要表现在以下几点：

概念与记忆

概念是客观事物的一般属性或本质属性的反映，它是人类思维的主要形式，也是思维活动的结果。概念是用词来标志的。人的词语记忆就是以概念为主的记忆，学习就要掌握科学的概念。概念具有代表性，这样就使人的记忆可以有系统性。如"花"的概念包括了各种花，我们在记忆菊花、茶花、牡丹花等的材料时，就可以归入花的要领中一并记住。从这个角度讲，概念可以使人举一反三，灵活记忆。

理解与记忆

理解属于思维活动的范围，它既是思维活动的过程，是思维活动的方法，又是思维活动的结果。同时，理解还是有效记忆的方法。理解了的事物会扎扎实实地记在大脑里。

思维方法与记忆

思维的方法很多，这些方法都与记忆有关，有些本身就是记忆的方法。思维的逻辑方法有科学抽象、比较与分类、分析与综合、归纳与演绎及数学方法等；思维的非逻辑方法有潜意识、直觉、灵感、想象和形象思维等。多种思维方法的运用使我们容易记住大量的信息并获得系统的知识。

此外，思维的程序也与记忆有关。思维的程序表现为发现问题、试作回答、提出假设和进行验证。

那么，我们该怎样来积极地进行思维活动呢？

多思

多思指思维的频率。复杂的事物，思考无法一次完成。古人说："三思而后行"，我们完全可以针对学习记忆来个"三思而后行，三思而后记。"反复思考，一次比一次想得深，一次又一次的新见解，不停止于一次思考，不满足于一时之功，在多次重复思考中参透知识，把道理弄明白，事无不记。

苦思

苦思是指思维的精神状态。思考，往往是一种艰苦的脑力劳动，要有执着、顽强的精神。《中庸》中说，学习时要慎重地思考，不能因思考得不到结果就停止。这表明古人有非深思透顶达到预期目标不可的意志和决心。据说，黑格尔就有这种苦思冥想的精神。有一次，他为思考一个问题，竟站在雨里一个昼夜。苦思的要求就是不做思想的怠惰者，经常运转自己的思维机器，并能战胜思维过程中所遇到的艰难困苦。

精思

精思指思维的质量。思考的时候，只粗略地想一下，或大概地考量一番，是不行的。朱熹很讲究"精思"，他说："……精思，使其意皆若出于吾之心。"换一种说法，精思就是要融会贯通，使书的道理如同我讲出去的道理一般。思不精怎么办？朱熹说："义不精，细思可精。"细思，就是细致周密、全面地思考，克服想不到、想不细、想不深的毛病，以便在思维中多出精品。

巧思

巧思指思维的科学态度。我们提倡的思考，既不是漫无边际的胡思乱想，也不是钻牛角尖，它是以思维科学和思维逻辑作为指南的一种思考。即科学的思考，我们不仅要肯思考，勤于思考，而且要善于思考，在思考时要恰到好处地运用分析与综合、抽象与概括、比较与分类等思维方式，使自己的思考不绕远路，卓越而有成效。

要发展自己的记忆能力，提高自己的记忆速度，就必须相应地去发展思维能力，只有经过积极思考去认识事物，才能快速地记住事物，把知识变成对自己真正有用的东西。掌握知识、巩固知识的过程，也就是积极思考的过程，我们必须努力完善自己的思维能力，这无疑也是在发展自己的记忆力，加快自己的记忆速度。

第三章
快速记忆的秘诀

超右脑照相记忆法

著名的右脑训练专家七田真博士曾对一些理科成绩只有 30 分左右的小学生进行了右脑记忆训练。所谓训练，就是这样一种游戏：摆上一些图片，让他们用语言将相邻的两张图片联想起来记忆，比如"石头上放着草莓，草莓被鞋踩烂了"等等。

这次训练的结果是这些只能考 30 分的小学生都能得 100 分。

通过这次训练，七田真指出，和左脑的语言性记忆不同，右脑中具有另一种被称作"图像记忆"的记忆，这种记忆可以使只看过一次的事物像照片一样印在脑子里。一旦这种右脑记忆得到开发，那些不愿学习的人也可以立刻拥有出色记忆力，变得"聪明"起来。

同时，这个实验告诉我们，每个人自身都储备着这种照相记忆的能力，你需要做的是如何把它挖掘出来。

现在我们来测试一下你的视觉想象力。你能内视到颜色吗？或许你会说："噢！见鬼了，怎么会这样？"请赶快先闭上你的眼睛，内视一下自己眼前有一幅红色、黑色、白色、黄色、绿色、蓝色然后又是白色的电影银幕。

看到了吗？哪些颜色你觉得容易想象，哪些颜色你又觉得想象起来比较困难呢？还有，在哪些颜色上你需要用较长的时间？

请你再想象一下眼前有一个画家，他拿着一支画笔在一张画布上作画。这种想象能帮助你提高对颜色的记忆，如果你多练习几次就知道了。

当你有时间或想放松一下的时候，请经常重复做这一练习。你会发现一次比一次更容易地想象颜色了。当然你可以做做白日梦，从尽可能美好的、正面的图像开始，因为根据经验，正面的事物比较容易记在头脑里。

你可以回忆一下在过去的生活中，一幅让你感觉很美好的画面：例如某个度假日、某种美丽的景色、你喜欢的电影中的某个场面等等。请你尽可能努力地并且带颜色地内视这个画面，想象把你自己放进去，把这张画面的所有细节都描绘出来。在繁忙的一天中，用几分钟闭上你的眼睛，在脑海里呈现一下这样美好的回忆，如此你必定会感到非常放松。

当然，照相记忆的一个基本前提是你需要把资料转化为清晰、生动的图像。

清晰的图像就是要有足够多的细节，每个细节都要清晰。

比如，要在脑中想象"萝卜"的图像，你的"萝卜"是红的还是白的？叶子是什么颜色的？萝卜是沾满了泥，还是洗得干干净净的呢？

图像轮廓越清楚，细节越清晰，图像在脑中留下的印象就越深刻，越不容易被遗忘。

再举个例子，比如想象"公共汽车"的图像，就要弄清楚你脑海中的公共汽车是崭新的还是又老又旧的？车有多高、多长？车身上有广告吗？车是静止的还是运动的？车上乘客很多很拥挤，还是人比较少宽宽松松？

生动的图像就是要充分利用各种感官，视觉、听觉、触觉、嗅觉、味觉，给图像赋予这些感官可以感受到的特征。

想象萝卜和公共汽车的图像时都用到了视觉效果。

在这两个例子中也可以用到其他几种感官效果。

在创造公共汽车的图像时，也可以想象：公共汽车的笛声是嘶哑还是清亮？如果是老旧的公共汽车，行驶起来是不是有吱呀声？在创造萝卜的图像时，可以想象一下：萝卜皮是光滑的还是粗糙的？生萝卜是不是有种细细幽幽的清香？如果咬一口，又会是一种什么味道呢？

有时候我们也可以用夸张、拟人等各种方法来增加图像的生动性。

比如，"毛巾"的图像，可以这样想象：这条毛巾特别长，可以从地上一直挂到天上；或者，这条毛巾有一套自己的本领：那就是会自动给人擦脸等。

经过上面的几个小训练之后，你关闭的右脑大门或许已经逐渐开启，但要想修炼成"一眼记住全像"的照相记忆，你还必须要进行下面的训练：

1. 一心二用（5分钟）

"一心二用"训练就是锻炼左右手同时画图。拿出一根铅笔。左手画横线，右手画竖线，要两只手同时画。练习一分钟后，两手交换，左手画竖线，右手画横线。一分钟之后，再交换，反复练习，直到画出来的图形完美为止。这个练习能够强烈刺激右脑。

你画出来的图形还令自己满意吗？刚开始的时候画不好是很正常的，不要灰心，随着练习的次数越来越多，你会画得越来越好。

2. 想象训练（5分钟）

我们都有这样的体会，记忆图像比记忆文字花费时间更少，也更不容易忘记。因此，在我们记忆文字时，也可以将其转化为图像，记忆起来就简单得多，记忆效果也更好了。

想象训练就是把目标记忆内容转化为图像，然后在图像与图像间创造动态联系，通过这些联系能很容易地记住目标记忆内容及其顺序。正如本书前面章节所讲，这种联系可以采用夸张、拟人等各种方式，图像细节越具体、清晰越好。但这种想象又不是漫无边际的，必须用一两句话就可以表达，否则就脱离记忆的目的了。

如现在有两个水杯、两只蘑菇，请设计一个场景，水杯和蘑菇是场景中的主体，你能想象出这个场景是什么样的吗？越奇特越好。

对于照相记忆，很多人不习惯把资料转化成图像，不过，只要能坚持不懈地训练就可以了。

进入右脑思维模式

我们的大脑主要由左右脑组成，左脑负责语言逻辑及归纳，而右脑主要负责的是图形图像的处理记忆。所以右脑模式就是以图形图像为主导的思维模式。进入右脑模式以后是什么样子呢？

简单来说，就是在不受语言模式干扰的情况下可以更加清晰地感知图像，并忘却时间，而且整个记忆过程会很轻松并且快乐。和宗教或者瑜伽所追求的冥想状态有关，可以更深层次地感受事物的真相，不需要语言可以立体、多元化、直观地看到事物发生发展的来龙去脉，关键是可以增加图像记忆和在大脑中直接看到构思的图像。

想使用右脑记忆，人们应该怎样做呢？

由于左右侧的活动与发展通常是不平衡的，往往右侧活动多于左侧活动，因此有必要加强左侧活动，以促进右脑功能。

在日常生活中我们尽可能多使用身体的左侧，也是很重要的。身体左侧多活动，右侧大脑就会发达。右侧大脑的功能增强，人的灵感、想象力就会增加。比如在使用小刀和剪子的时候用左手，拍照时用左眼，打电话时用左耳。

　　还可以见缝插针锻炼左手。如果每天得在汽车上度过较长时间，可利用它锻炼身体左侧。如用左手指钩住车把手，或手扶把手，让左脚单脚支撑站立。或将钱放在自己的衣服左口袋，上车后以左手取钱买票。有人设计一种方法：在左手食指和中指上套上一根橡皮筋，使之成为8字形，然后用拇指把橡皮筋移套到无名指上，仍使之保持8字形。

　　依此类推，再将橡皮筋套到小指上，如此反复多次，可有效地刺激右脑。此外，有意地让左手干右手习惯做的事，如写字、拿筷、刷牙、梳头等。

　　这类方法中具有独特价值而值得提倡的还有手指刺激法。苏联著名教育家苏霍姆林斯基说："儿童的智慧在手指头上。"许多人让

儿童从小练弹琴、打字、珠算等，这样双手的协调运动，会把大脑皮层中相应的神经细胞的活力激发起来。

还可以采用环球刺激法。尽量活动手指，促进右脑功能，是这类方法的目的。例如，每捏扁一次健身环需要 10~15 千克握力，五指捏握时，又能促进对手掌各穴位的刺激、按摩，使脑部供血通畅。

特别是左手捏握，对右脑起激发作用。有人数年坚持"随身带个圈（健身圈），有空就捏转，家中备副球，活动左右手"，确有健脑益智之效。此外，多用左、右手掌转捏核桃，作用也一样。

正如前文所说，使用右脑，全脑的能力随之增加，学习能力也会提高。

你可以尝试着在自己喜欢的书中选出 20 篇感兴趣的文章来，每一篇文章都是能读 2~5 分钟的，然后下决心开始练习右脑记忆，不间断坚持 3~5 个月，看看效果如何。

给知识编码，加深记忆

红极一时的电视剧《潜伏》中有这样一段，地下党员余则成了与组织联系，总是按时收听广播中给"勘探队"的信号，然后一边听一边记下各种数字，再破译成一段话。你一定觉得这样的沟通方式很酷，其实我们也可以用这种方式来学习，这就是编码记忆。

编码记忆是指为了更准确而且快速地记忆，我们可以按照事先编好的数字或其他固定的顺序记忆。编码记忆方法是研究者根据诺贝尔奖获得者美国心理学家斯佩里和麦伊尔斯的"人类左右脑机能分担论"，把人的左脑的逻辑思维与右脑的形象思维相结合的记忆方法。

反过来说，经常用编码记忆法练习，也有利于开发右脑的形象思维。其实早在 19 世纪时，威廉·斯托克就已经系统地总结了编码记忆法，并编写成了《记忆力》一书，于 1881 年正式出版。编码记忆法的最基本点，就是编码。

所谓"编码记忆"就是把必须记忆的事情与相应数字相联系并进行记忆。

例如，我们可以把房间的事物编号如下：1——房门、2——地板、3——鞋柜、4——花瓶、5——日历、6——橱柜、7——壁橱。如果说"2"，马上回答"地板"。如果说："3"，马上回答"鞋柜"。这样将各部位的数字号码记住，再与其他应该记忆的事项进行联想。

开始先编 10 个左右的号码。先对脑子里浮现出的房间物品的形象进行编号。以后只要想起编号，就能马上想起房间内的各种事物，这只需要 5~10 分钟即可记下来。在反复练习过程中，对编码就能清楚地记忆了。

这样的练习进行得较熟练后，再增加 10 个左右。如果能做几个编码并进行记忆，就可以灵活应用了。你也可以把自己的身体各部位进行编码，这样对提高记忆力非常有效。

作为编码记忆法的基础，如前所述，就是把房间各部位编上号码，这就是记忆的"挂钩"。

请你把下述实例，用联想法联结起来，记忆一下这件事：1——飞机、2——书、3——橘子、4——富士山、5——舞蹈、6——果汁、7——棒球、8——悲伤、9——报纸、10——信。

先把这件事按前述编码法联结起来，再用联想的方法记忆。联想举例如下：

（1）房门和飞机：想象入口处被巨型飞机撞击或撞出火星。

（2）地板和书：想象地板上书在脱鞋。

（3）鞋柜和橘子：想象打开鞋柜后，无数橘子飞出来。

（4）花瓶和富士山：想象花瓶上长出富士山。

（5）日历和舞蹈：想象日历在跳舞。

（6）橱柜和果汁：想象装着果汁的大杯子里放的不是冰块，而是木柜。

（7）壁橱和棒球：想象棒球运动员把壁橱当成防护用具。

（8）画框和悲伤：画框掉下来砸了脑袋，最珍贵的画框摔坏了，因此而伤心流泪。

（9）海报和报纸：想象报纸代替海报贴在墙上。

（10）电视机和信：想象大信封上装有荧光屏，信封变成了电视机。

如按上述方法联想记忆，无论采取什么顺序都能马上回忆出来。

这个方法也能这样进行练习，先在纸上写出 1~20 的号码，让朋友说出各种事物，你写在号码下面，同时用联想法记忆。然后让朋友随意说出任何一个号码，如果回答正确，画一条线勾掉。

据说，美国的记忆力的权威人士、篮球冠军队的名选手杰利·鲁卡斯，能完全记住曼哈顿地区电话簿上的大约 3 万多家的电话号码。他使用的就是这种"数字编码记忆法"。

第一次世界大战期间代号为 H-21 的著名女间谍哈莉在法国莫尔根将军书房中的秘密金库里，偷拍到了重要的新型坦克设计图。

当时，这位贪恋女色的将军让哈莉到他家里居住，哈莉早弄清了将军的机密文件放在书房的秘密金库里，往往在莫尔根熟睡以后开始活动。但是非常困难的是那锁用的是拨号盘，必须拨对了号码，金库的门才能打开，她想，将军年纪大了，事情又多，近来特别健忘，也许他会把密码记在笔记本或其他什么地方。哈莉经过多次查找都没有找到。

一天夜晚，她用放有安眠药的酒灌醉了莫尔根，蹑手蹑脚地走进书房，金库的门就嵌在一幅油画后面的墙壁上，拨号盘号码是 6

位数。她从 1 到 9 逐一通过组合来转动拨号盘，都没有成功。眼看快要天亮了，她感到有些绝望。

忽然，墙上的挂钟引起了她的注意，她到书房的时间是深夜 2 时，而挂钟上的指针指的却是 9 时 35 分 15 秒。这很可能就是拨号盘上的秘密号码，否则挂钟为什么不走呢？但是 9 时 35 分 l5 秒应为 93515，只有五位数。哈莉再想，如果把它译解为 21 时 35 分 15 秒，岂不是 213515。她随即按照这 6 个数字转动拨号盘，金库的门果然开了。

莫尔根年老健忘，利用编码法记忆这 6 个数字，只要一看到钟上指针的刻度，便能推想出密码，而别人绝不会觉察。可是他的对手是受过专门训练的老手，她以同样的思维识破了机关。这是一个利用编码从事特种工作的故事。

掌握了编码记忆的基本方法后，只要是身边的事物都可以编上号码进行记忆，把记忆内容回忆起来。

用夸张的手法强化印象

开发右脑的方法有很多，荒谬联想记忆法就是其中的一种。我们知道，右脑主要以图像和心像进行思考，荒谬记忆法几乎完全建立在这种工作方式的基础之上，从所要记忆的一个项目尽可能荒谬地联想到其他事物。

古埃及人在《阿德·海莱谬》中有这样一段："我们每天所见到的琐碎的、司空见惯的小事，一般情况下是记不住的。而听到或见到的那些稀奇的、意外的、低级趣味的、丑恶的或惊人的触犯法律的等异乎寻常的事情，却能长期记忆。因此，在我们身边经常听到、见到的事情，平时也不去注意它，然而，在少年时期所发生的一些事却记忆犹新。那些用相同的目光所看到的事物，那些平常的、司空见惯的事很容易从记忆中漏掉，而一反常态、违背常理的事情，却能永远铭记不忘，这是否违背常理呢？"

古埃及人当时并不懂得记忆的规律才有此疑问。其实，在记忆深处对那些荒诞、离奇的事物更为着迷……这就是荒谬记忆法的来源，概括地讲，荒谬联想指的是非自然的联想，在新旧知识之间建立一种牵强附会的联系。这种联系可以是夸张，也可以是谬化。

例如把自己想象成外星人。在这里，夸张，是指把需要记忆的东西进行夸张，或缩小、或放大、或增加、或减少等。谬化，是指想象得越荒谬、越离奇、越可笑，印象越深刻。

荒谬记忆法最直接的帮助是你可以用这种记忆法来记住你所学过的英语单词。例如你用这种方法只需要看一遍英语单词，当你一边看这些单词，一边在头脑中进行荒谬的联想时，你会在极短的时间内记住近 20 个单词。

例如，记忆"Legislate（立法）"这个单词时，可先将该词分解成 leg、is、late 三个字母，然后把"Legislate"记成"为腿（Leg）立法，总是（is）太迟（late）"。这样荒谬的联想，以后我们就不容易忘记。关于学习科目的记忆方法，我们在后面章节中会提到。在这一节中，我们从最普通的例子说明荒谬联想记忆应如何操作。

以下是 20 个项目，只要应用荒谬记忆法，你将能够在一个短得令人吃惊的时间内按顺序记住它们：

地毯　纸张　瓶子　椅子　窗子　电话　香烟　钉子　鞋子
马车　钢笔　盘子　胡桃壳　打字机　麦克风　留声机　咖啡
壶　砖　床　鱼

你要做的第一件事是，在心里想到一张第一个项目的图画"地毯"。你可以把它与你熟悉的事物联系起来。实际上，你要很快就看到任何一种地毯，还要看到你自己家里的地毯，或者想象你的朋友正在卷起你的地毯。

这些你熟悉的项目本身将作为你已记住的事物，你现在知道或者已经记住的事物是"地毯"这个项目。现在，你要记住的事物是第二个项目"纸张"。你必须将地毯与纸张相联想或相联系，联想必须尽可能地荒谬。如想象像家的地毯是纸做的，想像瓶子也是纸做的。

接下来，在床与鱼之间进行联想或将二者结合起来，你可以"看到"一条巨大的鱼睡在你的床上。

现在是鱼和椅子，一条巨大的鱼正坐在一把椅子上，或者一条大鱼被当作一把椅子用，你在钓鱼时正在钓的是椅子，而不是鱼。

椅子与窗子：看见你自己坐在一块玻璃上，而不是在一把椅子上，并感到扎得很痛，或者是你可以看到自己猛力地把椅子扔出关闭着的窗子，在进入下一幅图画之前先看到这幅图画。

窗子与电话：看见你自己在接电话，但是当你将话筒靠近你的耳朵时，你手里拿的不是电话而是一扇窗子；或者是你可以把窗户看成是一个大的电话拨号盘，你必须将拨号盘移开才能朝窗外看，你能看见自己将手伸向一扇窗玻璃去拿起话筒。

电话与香烟：你正在抽一部电话，而不是一支香烟，或者是你将一支大的香烟向耳朵凑过去对着它说话，而不是对着电话筒，或者你可以看见你自己拿起话筒来，一百万根香烟从话筒里飞出来打在你的脸上。

香烟与钉子：你正在抽一颗钉子，或你正把一支香烟而不是一颗钉子钉进墙里。

钉子与打字机：你在将一颗巨大的钉子钉进一台打字机，或者打字机上的所有键都是钉子。当你打字时，它们把你的手刺得很痛。

打字机与鞋子：看见你自己穿着打字机，而不是穿着鞋子，或是你用你的鞋子在打字，你也许想看看一只巨大的带键的鞋子，是如何在上边打字的。

鞋子与麦克风：你穿着麦克风，而不是穿着鞋子，或者你在对着一只巨大的鞋子播音。

麦克风和钢笔：你用一个麦克风，而不是一支钢笔写字，或者你在对一支巨大的钢笔播音和讲话。

钢笔和收音机：你能"看见"一百万支钢笔喷出收音机，或是钢笔正在收音机里表演，或是在大钢笔上有一台收音机，你正在那上面收听节目。

收音机与盘子：把你的收音机看成是你厨房的盘子，或是看成你正在吃收音机里的东西，而不是盘子里的。或者你在吃盘子里的东西，并且当你在吃的时候，听盘子里的节目。

盘子与胡桃壳："看见"你自己在咬一个胡桃壳，但是它在你的嘴里破裂了，因为那是一个盘子，或者想象用一个巨大的胡桃壳盛饭，而不是用一个盘子。

胡桃壳与马车：你能看见一个大胡桃壳驾驶一辆马车，或者看见你自己正驾驶一个大的胡桃壳，而不是一辆马车。

马车与咖啡壶：一只大的咖啡壶正驾驶一辆小马车，或者你正驾驶一把巨大的咖啡壶，而不是一辆小马车，你可以想象你的马车在炉子上，咖啡在里边过滤。

咖啡壶和砖块：看见你自己从一块砖中，而不是一把咖啡壶中倒出热气腾腾的咖啡，或者看见砖块，而不是咖啡从咖啡壶的壶嘴涌出。

这就对了！如果你的确在心中"看"了这些心视图画，你再按从"地毯"到"砖块"的顺序记20个项目就不会有问题了。当然，要多次解释这点比简简单单照这样做花的时间多得多。在进入下一个项目之前，只能用很短的时间再审视每一幅通过精神联想的画面。

这种记忆法的奇妙是，一旦记住了这些荒谬的画面，项目就会在你的脑海中留下深刻的印象。

造就非凡记忆力

成功学大师拿破仑·希尔说，每个人都有巨大的创造力，关键在于你自己是否知道这一点。

在当今各国，创造力备受重视，被认为是跨世纪人才必备的素质之一。什么是创造力？创造力是个体对已有知识经验加工改造，从而找到解决问题的新途径，以新颖、独特、高效的方式解决问题的能力。人人都有创造力，创造力的强弱制约着、影响着记忆力的强弱，创造力越强，记忆的效率就越高，反之则低。

这是因为要有效记忆就必须要大胆地想象，而生动、夸张的想象需要我们拥有灵活的创造力，如果创造力也得到了很大的锻炼，记忆力自然会随着提升。

创造力有以下 3 个特征：

变通性

思维能随机应变，举一反三，不易受功能固着等心理定式的干扰，因此能产生超常的构想，提出新观念。

流畅性

反应既快又多，能够在较短的时间内表达出较多的观念。

独特性

对事物具有不寻常的独特见解。

我们可以通过以下几种方法激发创造力，从而增强记忆力：

问题激发原则

有些人经常接触大量的信息，但并没有把所接触的信息都存储在大脑里，这是因为他们的头脑里没有预置着要搞清或有待解决的问题。如果头脑里装着问题，大脑就处于非常敏感的状态，一旦接触信息，就会从中把对解决问题可能有用的信息抓住不放，从而加大了有效信息的输入量，这就是问题激发。

使信息活化

信息活化就是指这一信息越能同其他更多的信息进行联结，这一信息的活性就越强。储存在大脑里的信息活性越强，在思考过程中，就越容易将其进行重新联结和组合。促使信息有活性的主要措施有：

（1）打破原有信息之间的关联性；

（2）充分挖掘信息可能表现出的各种性质；

（3）尝试着将某一信息同其他信息建立各种联系。

信息触发

人脑是一个非常庞大而复杂的神经网络，每一次的信息存储、调用、加工、联结、组合，都促使这种神经在一定程度上发生了变化。变化的结果使得原来不太畅通的神经通道变得畅通一些，本来没有发生联结的神经细胞突触联结了起来，这样一来，神经网络就变得复杂，神经元之间的联系就更广泛，大脑也就更好使。

同时，当某些神经元受信息的刺激后，它会以电冲动的形式向四周传递，引起与之相联结的神经元的兴奋和冲动，这种连锁反应，在脑皮质里形成了大面积的活动区域。

可见，"人只有在大量的、高档的信息传递场中，才能使自己的智力获得形成、发展和被开发利用。"经常不断地用各种各样的信息去刺激大脑，促进创造性思维的发展和提高，这就是信息触发原理。

总之，创造力不同于智力，创造力包含了许多智力因素。一个

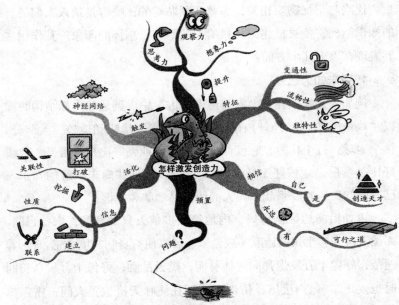

创造力强的人，必须是一个善于打破记忆常规的人，并且是一个有着丰富的想象力、敏锐的观察力、深刻的思考力的人。而所有这些特质，都是提升记忆力所必需的，毋庸置疑，创造力已经成为创造非凡记忆力的本源和根基。

对于如何激活自己的创造力，你可以加上自己的思考，试着画出一幅个性思维导图来。

神奇比喻，降低理解难度

比喻记忆法就是运用修辞中的比喻方法，使抽象的事物转化成具体的事物，从而符合右脑的形象记忆能力，达到提高记忆效率的目的。人们写文章、说话时总爱打比方，因为生动贴切的比喻不但能使语言和内容显得新鲜有趣，而且能引发人们的联想和思索，并且容易加深记忆。

比喻与记忆密切相关，那些新颖贴切的比喻容易纳入人们已有的知识结构，使被描述的材料给人留下难以忘怀的印象。其作用主要表现在以下几个方面：

1. 变未知为已知

例如，孟繁兴在《地震与地震考古》中讲到地球内部结构时曾以"鸡蛋"作比："地球内部大致分为地壳、地幔和地核三大部分。整个地球，打个比方，它就像一个鸡蛋，地壳好比是鸡蛋壳，地幔好比是蛋白，地核好比是蛋黄。"这样，把那些尚未了解的知识与已有的知识经验联系起来，人们便容易理解和掌握。

再如沿海地区刮台风，内地绝大多数人只是耳闻，未曾目睹，而读了诗人郭小川的诗歌《战台风》后，便有身临其境之感。"烟雾迷茫，好像十万发炮弹同时炸林园；黑云乱翻，好像十万只乌鸦同时抢麦田""风声凄厉，仿佛一群群狂徒呼天抢地咒人间；雷声呜咽，仿佛一群群恶狼狂嚎猛吼闹青山""大雨哗哗，犹如千百个地主老爷一齐挥皮鞭；雷电闪闪，犹如千百个衙役腿子一齐抖锁链"。

这些比喻，把许多人未能体验过的特有的自然现象活灵活现地表达出来，开阔了人们的眼界，同时也深化了记忆。

2. 变平淡为生动

例如朱自清在《荷塘月色》中写到花儿的美时这么说："层层的叶子中间，零星地点缀着些白花，有袅娜地开着的，有羞涩地打着朵儿的，正如粒粒的明珠，又如碧天里的星星。"

有些事物如果平铺直叙，大家会觉得平淡无味，而恰当地运用比喻，往往会使平淡的事物生动起来，使人们兴奋和激动。

3. 变深奥为浅显

东汉学者王充说："何以为辩，喻深以浅。何以为智，喻难以易。"就是说应该用浅显的话来说明深奥的道理，用易懂的事例来说明难懂的问题。

运用比喻，还可以帮助我们很快记住枯燥的概念公式。例如，有人讲述生物学中的自由结合规律时，用篮球赛比喻加以说明：赛球时，同队队员必须相互分离，不能互跟。这好比同源染色体上的等位基因，在形成 F1 配子时，伴随着同源染色体分开而相互分离，体现了分离规律。赛球时，两队队员之间，可以随机自由跟人。这又好比 F1 配子形成基因类型时，位于非同源染色体上的非等位基因之间，则机会均等地自由组合，即体现了自由组合规律。篮球赛人所共知，把枯燥的公式比作篮球赛，自然就容易记住了。

4. 变抽象为具体

将抽象事物比作具体事物可以加深记忆效果。如地理课上的气旋可以比成水中旋涡。某老师在教聋哑学校学生计算机时，用比喻来介绍"文件名""目录""路径"等概念，将"文件"和"文件名"形象地比作练习本和在练习本封面上写姓名、科目等；把文字输入称为"做作业"。各年级老师办公室就像是"目录"；如果学校是"根目录"的话，校长要查看作业，先到办公室通知教师，教师到教室通知学生，学生出示相应的作业，这样的顺序就是"路径"。这样的形象比喻，会使学生觉得所学的内容形象、生动，从而增强记忆效果。

又如，唐代诗人贺知章的《咏柳》诗：

碧玉妆成一树高，万条垂下绿丝绦。

不知细叶谁裁出，二月春风似剪刀。

春风的形象并不鲜明，可是把它比作剪刀就具体形象了。使人马上领悟到柳树碧、柳枝绿、柳叶细，都是春风的功劳。于是，这首诗便记住了。

运用比喻记忆法，实际上是增加了一条类比联想的线索，它能够帮助我们打开记忆的大门。但是，应该注意的是，比喻要形象贴切，浅显易懂，这样才便于记忆。

另类思维创造记忆天才

"零"是什么，是一个很有趣味性的创造性思维开发训练活动。"零"或"0"是尽人皆知的一种最简单的文字符号。这里，除了数字表意功能以外，请你发挥创造性想象力，静心苦想一番，看看"0"到底是什么，你一共能想出多少种，想得越多越好，一般不应少于30种。

为了使你能尽快地进入角色，现作如下提示：有人说这是零，有人说这是脑袋，有人说这是地球，有人说这是宇宙。几何教师说"是圆"，英语老师说"是英文字母O"，化学老师讲"是氧元素符号"，美术老师讲"画的是一个蛋"。幼儿园的小朋友们认为"是面包圈""是铁环""是项链""是孙悟空头上的金箍""是杯子""是叔叔脸上的小麻坑"……

另类思维就是能对事物做出多种多样的解释。

之所以说另类思维创造记忆天才，是因为所谓"天才"的思维方式和普通人的传统思维方式是不同的。一般记忆天才的思维主要有以下几个方面：

思维的多角度

记忆天才往往会发现某个他人没有采取过的新角度。这样培养了他的观察力和想象力，同时也能培养思维能力。通过对事物多角度的观察，在对问题认识得不断深入中，就记住了要记住的内容。

大画家达·芬奇认为，为了获得有关某个问题的构成的知识，首先要学会如何从许多不同的角度重新构建这个问题，他觉得，他看待某个问题的第一种角度太偏向于自己看待事物的通常方式，他就会不停地从一个角度转向另一个角度，重新构建这个问题。他对问题的理解和记忆就随着视角的每一次转换而逐渐加深。

善用形象思维

伽利略用图表形象地体现出自己的思想，从而在科学上取得了革命性的突破。天才们一旦具备了某种起码的文字能力，似乎就会在视觉和空间方面形成某种技能，使他们得以通过不同途径灵活地展现知识。当爱因斯坦对一个问题做过全面的思考后，他往往会发现，用尽可能多的方式（包括图表）表达思考对象是必要的。他的思想是非常直观的，他运用直观和空间的方式思考，而不用沿着纯数学和文字的推理方式思考。爱因斯坦认为，文字和数字在他的思维过程中发挥的作用并不重要。

天才设法在事物之间建立联系

如果说天才身上突出体现了一种特殊的思想风格，那就是把不同的对象放在一起进行比较的能力。这种在没有关联的事物之间建立关联的能力使他们能很快记住别人记不住的东西。德国化学家弗里德里·凯库勒梦到一条蛇咬住自己的尾巴，从而联想到苯分子的环状结构。

天才善于比喻

亚里士多德把比喻看作天才的一个标志。他认为，那些能够在两种不同类事物之间发现相似之处并把它们联系起来的人具有特殊的才能。如果相异的东西从某种角度看上去确实是相似的，那么，它们从其他角度看上去可能也是相似的。这种思维能力加快了记忆的速度。

创造性思维

我们的思维方式通常是复制性的，即，以过去遇到的相似问题为基础。

相比之下，天才的思维则是创造性的。遇到问题的时候，他

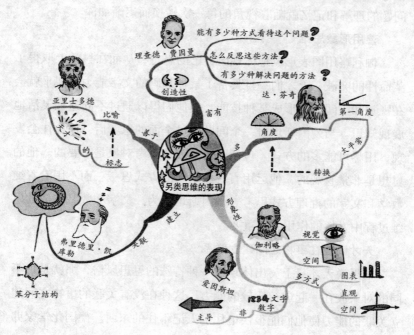

们会问："能有多少种方式看待这个问题？""怎么反思这些方法？""有多少种解决问题的方法？"他们常常能对问题提出多种解决方法，而有些方法是非传统的，甚至可能是奇特的。

运用创造性思维，你就会找到尽可能多的可供选择的记忆方法。

诺贝尔奖获得者理查德·费因曼在遇到难题的时候总会萌发出新的思考方法。他觉得，自己成为天才的秘密就是不理会过去的思想家们如何思考问题，而是创造出新的思考方法。你如果不理会过去的人如何记忆，而是创造新的记忆方法，那你总有一天也会成为记忆天才。

左右脑并用创造记忆的神奇效果

左右脑分工理论告诉我们，运用左脑，过于理性；运用右脑，又容易流于滥情。从 IQ（学习智能指数）到 EQ（心的智能指数），便是左脑型教育沿革的结果；而将"超个人"这种所谓的超常现象，由心理学的层面转向学术方面的研究，更代表了人们有意再度探索全脑能力的决心。

若能持续地进行右脑训练，进而将左脑与右脑好好地、平衡地加以开发，则记忆就有了双管齐下的可能：由右脑承担形象思维的任务，左脑承担逻辑思维的重任，左右脑协调，以全脑来控制记忆过程，自然会取得出人意料的高效率。

发挥大脑右半球记忆和储存形象材料的功能，使大脑左右两半球在记忆时，都共同发挥作用，使大脑主动去运用它本身所独有的"右脑记忆形象材料的效果远远好于左脑记忆抽象材料的效果"这一规律。这样实践的效果，理所当然地会使人的记忆效率事半功倍，实现提升记忆力的目的。

另据生理学家研究发现，除了左右半脑在功能上存在巨大差异外，大脑皮层在机能上也有精细分工，各部位不仅各有专职，并有互补合作、相辅相成的作用。

由于长期以来，人们对智力的片面运用以及不良的用脑习惯的结果，不仅造成了大脑部分功能负担过重，学习和记忆能力下降，而且由此影响了思维的发展。

为了扭转这种局面，就需要运用全脑开动，左右脑并用。

1. 使左右半脑交叉活动

交叉记忆是指记忆过程中，有意识地交叉变换记忆内容，特别是交叉记忆那些侧重于形象思维与侧重于抽象逻辑思维的不同质的学习材料，以使大脑较全面发挥作用。记忆中，还可以利用一些相辅相成的手段使大脑两半球同时开展活动。

2. 进行全脑锻炼

全脑锻炼是指在记忆中，要注意使大脑得到全面锻炼。大脑皮层在机能上有精细的分工，但其功能的发挥和提高还要靠后天的刺激和锻炼。由于大脑皮层上有多种机能中枢，要使这些中枢的机能都发展到较高水平，就应在用脑时注意使大脑得到全面的锻炼。

比如在记忆语言时，由于大脑皮层有4个有关语言的中枢——说话中枢、书写中枢、听话中枢和阅读中枢，所以为了使这些中枢的机能都得到锻炼，就应当在记忆时把说、写、听、读这几种方式结合起来，或同时进行这几种方式的记忆。

我们以学习语言为例，说明如何左右脑并用。为了学会一门语言，一方面必须掌握足够的词汇，另一方面，必须能自动地把单词组成句子。词汇和句子都必须机械记忆，如果你的记忆变成推理性的或逻辑性的记忆，你就失去了讲一种外语所必需的流畅，进行阅读时，成了一字字地翻译了。这种翻译式的分析阅读是左脑的功能，结果是越读越慢，理解也就更难，全靠死记住某个外语单词相应的汉语单词是什么来分析。

发挥左右脑功能并用的办法学语言是用语言思维，例如，学英语单词"bed"时，应该在头脑中浮现出"床"的形象来，而不是去记"床"这个字。为什么学习本国语言容易呢？因为你从小学习就是从实物形象入手，说到"暖水瓶"，谁都会立刻想起暖水瓶的形象来，而不是浮现出"暖水瓶"三个字形来，说到动作你就会浮现出相应的动作来，所以学得容易。我们学习外语时，如能让文字变成图画，在你眼前浮现出形象来——这就让右脑起作用了。每个句子给你一个整体的形象，根据这个形象，通过上下文来判别，理解就更透了。

教育学、心理学领域的很多研究结果也显示，充分利用左右脑来处理多种信息对学习才是最有效的。

关于左右脑并用，保加利亚的教育家洛扎诺夫创造的被称之为"超级记忆法"的记忆方法最具有代表性。这种方法的表现形式中最引人入胜的步骤之一，是在记忆外语的同时，播放与记忆内容毫无关系的动听的音乐。洛扎诺夫解释说，听音乐要用右脑，右脑是管形象思维的，学语言用左脑，左脑是管逻辑思维的。他认为，大脑的两半球并用比只用一半要好得多。

快速提升记忆的 9 大法则

在学习过程中，每一个学习者都会面临记忆的难题，在这里，我们介绍了一个记忆 9 大法则，以便帮助我们更好地提高记忆力，获得学习高分。

记忆的 9 大法则如下：

1. 利用情景进行记忆

人的记忆有很多种，而且在各个年龄段所使用的记忆方法也不一样，具体说来，大人擅长的是"情景记忆"，而青少年则是"机械记忆"。

比如每次在考试复习前，采取临阵磨枪、死记硬背的同学很多。其中有一些同学，在小学或初中时学习成绩非常好，但一进了高中成绩就一落千丈。这并不是由于记忆力下降了，而是随着年龄的增长，擅长的记忆种类发生了变化，依赖死记硬背是行不通了。

2. 利用联想进行记忆

联想是大脑的基本思维方式，一旦你知道了这个奥秘，并知道如何使用它，那么，你的记忆能力就会得到很大的提高。

我们的大脑中有上千亿个神经细胞，这些神经细胞与其他神经细胞连接在一起，组成了一个非常复杂而精密的神经回路。包含在这个回路内的神经细胞的接触点达到1000万亿个。突触的结合又形成了各种各样的神经回路，记忆就被储存在神经回路中，这些突触经过长期的牢固结合，传递效率将会提高，使人具有很强的记忆力。

3. 运用视觉和听觉进行记忆

每个人都有适合自己的记忆方法。视觉记忆力是指对来自视觉通道的信息的输入、编码、存储和提取，即个体对视觉经验的识记、保持和再现的能力。

视觉记忆力对我们的思维、理解和记忆都有极大的帮助。如果一个人视觉记忆力不佳，就会极大地影响他的学习效果。

相对视觉而言，听觉更加有效。由耳朵将听到的声音传到大脑知觉神经，再传到记忆中枢，这在记忆学领域中叫"延时反馈效应"。比如，只看过歌词就想记下来是非常困难的，但要是配合节奏唱的话，就很快能够记下来，比起视觉的记忆，听觉的记忆更容易留在心中。

4. 使用讲解记忆

为了使我们记住的东西更深，我们可以把自己记住的东西讲给身边的人听，这是一种比视觉和听觉更有效的记忆方法。

但同时要注意，如果自己没有清楚地理解，就不能很好地向别人解释，也就很难能深刻地记下来。所以首先理解你要记忆的内容很关键。

5. 保证充足的睡眠

我们的大脑很有意思，它也必须需要充足的睡眠才能保持更好的记忆力。有关实验证明，比起彻夜用功、废寝忘食，睡眠更能保持记忆。睡眠能保持记忆，防止遗忘，主要原因是因为在睡眠中，大脑会对刚接收的信息进行归纳、整理、编码、存储，同时睡眠期间进入大脑的外界刺激显著减少，我们应该抓紧睡前的宝贵时间，学习和记忆那些比较重要的材料。不过，既不应睡得太晚，更不能把书本当作催眠曲。

有些学习者在考试前进行突击复习，通宵不眠，更是得不偿失。

6. 及时有效地复习

有一句谚语叫"重复乃记忆之母"，只要复习，就会很好地记住需要记住的东西。不过，有些人不论重复多少遍都记不住要记住的东西，这跟记忆的方法有关，只要改变一下方法就会获得另一种效果。

7. 避免紧张状态

不少人都会有这种经历，突然要求在很多人面前发表讲话，或者之前已经做了一些准备，但开口讲话时还是会紧张，甚至突然忘记自己要讲解的内容。虽然说适度的紧张会提高记忆力，但是过度紧张的话，记忆就不能很好地发挥作用。

所以，我们在平时应该多训练自己当众演讲，以减少紧张的次数。

8. 利用求知欲记忆

有人认为，随着年龄的增长，我们的记忆力会逐渐减退，其实，这是一种错误的认识。记忆力之所以会减退，与本人对事物的热情减弱，失去了对未知事物的求知欲有很大的关系。

对一个善于学习的人来说，记忆时最重要的是要有理解事物背后的道理和规律的兴趣。一个有求知欲的人即便上了年纪，他的记忆力也不会衰退，反而会更加旺盛。

9. 持续不断地进行记忆努力

要想提高自己的记忆力，需要不断地锻炼和练习，进行有意识地记忆。比如可以对身边的事物进行有意识的提问，多问几个"为什么"，从而加深印象，提升记忆能力。

在熟悉了记忆的 9 大法则后，我们就可以根据自己的情况做出提高记忆力的思维导图了。

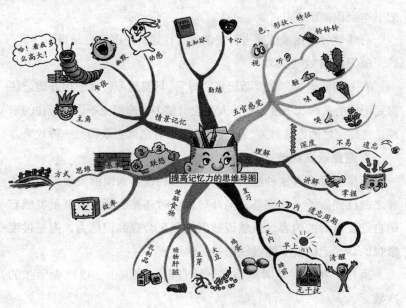

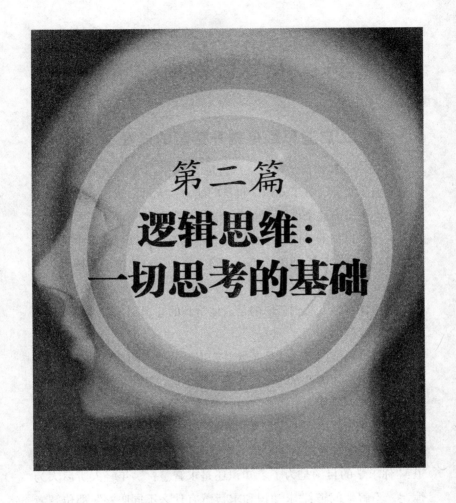

第二篇

逻辑思维：
一切思考的基础

第一章
思维：人类最本质的资源

启迪思维是提升智慧的途径

我们一直都深信"知识就是力量"，并将其奉为金科玉律，认为只要有了文凭，有了知识，自身的能力就无可限量了。事实却不完全如此，下面这个小故事也许能够给你带来一些启示。

在很久以前的希腊，一位年轻人不远万里四处拜师求学，为的是能得到真才实学。他很幸运，一路上遇到了许多学识渊博者，他们感动于年轻人的诚心，将毕生的学识毫无保留地传授给了年轻人。可是让年轻人感到苦恼的是，他学到的知识越多，就越觉得自己无知和浅薄。

他感到极度困惑，这种苦恼时刻折磨着他，使他寝食难安。于是，他决定去拜访远方的一位智者，据说这位智者能够帮助人们解决任何难题。他见到了智者，便向他倾诉了自己的苦恼，并请求智者想一个办法，让他从苦恼当中解脱出来。

智者听完了他的诉说之后，静静地想了一会儿，接着慢慢地问道："你求学的目的是为了求知识还是求智慧？"年轻人听后大为惊诧，不解地问道："求知识和求智慧有什么不同吗？"那位智者笑道："这两者当然不同了，求知识是求之于外，当你对外在世界了解得越深越广，你所遇到的问题也就越多越难，这样你自然会感到学到的越多就越无知和浅薄。而求智慧则不然，求智慧是求之于内，当你对自己的内心世界了解得越多越深时，你的心智就越圆融无缺，你就会感到一股来自于内在的智性和力量，也就不会有这么多的烦恼了。"

年轻人听后还是不明白，继续问道："智者，请您讲得更简单一点儿好吗？"智者就打了一个比喻："有两个人要上山去打柴，一个早早地就出发了，来到山上后却发现自己忘了磨砍柴刀，只好用钝刀劈柴。另一个人则没有急于上山，而是先在家把刀磨快后才上山，你说这两个人谁打的柴更多呢？"年轻人听后恍然大悟，对智者说："您的意思是，我就是那个只顾砍柴而忘记磨刀的人吧！"智者笑而不答。

人们往往把知识与智慧混为一谈，其实这是一种错误的观念。知识与智慧并不是一回事，一个人知识的多少，是指他对外在客观世界的了解程度，而智慧水平的高低不仅在于他拥有多少知识，还在于他驾驭知识、运用知识的能力。其中，思维能力的强弱对其具有举足轻重的作用。

人们对客观事物的认识，第一步是接触外界事物，产生感觉、知觉和印象，这属于感性认识阶段；第二步是将综合感觉的材料加以整理和改造，逐渐把握事物的本质、规律，产生认识过程的飞跃，进而构成判断和推理，这属于理性认识阶段。我们说的思维指的就是这一阶段。

在现实生活中，我们常常看到有的人知识、理论一大堆，谈论起来引经据典、头头是道，可一旦面对实际问题，却束手束脚不知如何是好。这是因为他们虽然掌握了知识，却不善于通过开启思维运用知识。另有一些人，他们的知识不多，但他们的思维活跃、思路敏捷，能够把有限的知识举一反三，将之灵活地应用到实践当中。

南北朝的贾思勰，读了荀子《劝学篇》中"蓬生麻中，不扶而直"的话，他想：细长的蓬生长在粗壮的麻中会长得很直，那么，细弱的槐树苗种在麻田里，也会这样吗？于是他开始做试验，由于阳光被麻遮住，槐树为了争夺阳光只能拼命地向上长。三年过后，槐树果然长得又高又直。由此，贾思勰发现植物生长的一种普遍现象，并总结出了一套规律。

古希腊的哲学家赫拉克利特说：知识不等于智慧。掌握知识和拥有智慧是人的两种不同层次的素质。对于它们的关系，我们可以打这样一个比方：智慧好比人体吸收的营养，而知识是人体摄取的食物，思维能力是人体消化的功能。人体能吸收多少营养，不仅在于食物品质的好坏，也在于消化功能的优劣。如果一味地贪求知识的增加，而运用知识的思维能力一直在原地踏步，那么他掌握的知识就会在他的头脑当中处于僵化状态，反而会对他实践能力的发挥形成束缚和障碍。这就像消化不良的人吃了过多的食物，多余的营养无法吸收，反倒对身体有害。

我们一再强调思维的意义，绝非贬低知识的价值。我们知道，思维是围绕知识而存在的，没有了知识的积累，思维的灵活运用也会存在障碍。因此，学习知识和启迪思维是提升自身智慧不可偏废的两个方面。没有知识的支撑，智慧也就成了无源之水，无本之木；没有思维的驾驭，知识就像一潭死水，波澜不兴，智慧也就更无从谈起了。

环境不是失败的借口

有些人回首往昔的时候，不免满是悔恨与感叹：努力了，却没有得到应有的回报；拼搏了，却没有得到应有的成功。他们抱怨，抱怨自己的出身背景没有别人好，抱怨自己的生长环境没有别人优越，抱怨自己拥有的资源没有别人丰富。总之，外界的一切都成了他们抱怨的对象。在他们的眼里，环境的不尽如人意是导致失败的关键因素。

然而，他们错了。环境并不能成为失败的借口。环境也许恶劣，资源也许匮乏，但只要积极地改变自己的思维，一定会有更好的解决问题的办法，一定会得到"柳暗花明又一村"的效果。

我们身边的许多人，就是通过灵活地运用自己的思维，改变了不利的环境，使有限的资源发挥出了最大的效益。

广州有一家礼品店，在以报纸做图案的包装纸的启发下，通过联系一些事业单位低价收下大量发黄的旧报纸，推出用旧报纸免费包装所售礼品的服务。店主特地从报纸中挑选出特殊日子的或有特别图案的，并分类命名，使顾客还可以根据自己的个性和爱好选择相应的报纸。这种服务推出后，礼品店的生意很快就火了起来。

这家礼品店的老板不见得比我们聪明，他可以利用的资源也不比别的礼品店经营者的多，但他却成功了。因为他转变了思维，寻找到了一个新方法。

我们在做事的过程中经常会遇到资源匮乏的问题，但只要我们肯动脑筋，善于打通自己的思维网络，激发脑中的无限创意，就一定能够将问题圆满解决。

总是有人抱怨手中的资源太少，无法做成大事。而一流的人才根本不看资源的多少，而是凡事都讲思维的运用。只要有了创造性思维，即使资源少一些又有什么关系呢？

1972 年新加坡旅游局给总理李光耀打了一份报告说：

"新加坡不像埃及有金字塔，不像中国有长城，不像日本有富士山，不像夏威夷有十几米高的海浪。我们除了一年四季直射的阳光，什么名胜古迹都没有。要发展旅游事业，实在是巧妇难为无米之炊。"

李光耀看过报告后，在报告上批下这么一行文字：

"你还想让上帝给我们多少东西？上帝给了我们最好的阳光，只要有阳光就够了！"

后来，新加坡利用一年四季直射的阳光，大量种植奇花异草、名树修竹，在很短的时间内就发展成为世界上著名的"花园城市"，连续多年旅游业收入位列亚洲第二。

是啊，只要有阳光就够了。充分地利用这"有限"的资源，将其赋予"无限"的创意思维，即使只具备一两点与众不同之处，也是可以取得巨大成功的。

每一件事情都是一个资源整合的过程，不要指望别人将所需资源全部准备妥当，只等你来"拼装"；也不要指望你所处的环境是多么的尽如人意。任何事情都需要你开启自己的智慧，改变自己的思维，积极地去寻找资源，没有资源也要努力创造资源。只有这样，才能渐渐踏上成功之路。

正确的思维为成功加速

思维是一种心境，是一种妙不可言的感悟。在伴随人们实践行动的过程中，正确的思维方法、良好的思路是化解疑难问题、开拓成功道路的重要动力源。一个成功的人，首先是一个积极的思考者，经常积极地想方设法运用各种思维方法，去应对各种挑战和应付各种困难。因此，这种人也较容易体味到成功的欣喜。

美国船王丹尼尔·洛维格就是一个典型的成功例子。

从他获得自己的第一桶金，乃至他后来拥有数十亿美元的资产，都和他善于运用思维，善于变通地寻找方法的特点息息相关。

当洛维格第一次跨进银行的大门，人家看了看他那磨破了的衬衫领子，又见他没有什么可做抵押的东西，很自然地拒绝了他的贷款申请。

　　他又来到大通银行，千方百计总算见到了该银行的总裁。他对总裁说，他把货轮买到后，立即改装成油轮，他已把这艘尚未买下的船租给了一家石油公司。石油公司每月付给的租金，就用来分期还他要借的这笔贷款。他说他可以把租契交给银行，由银行去跟那家石油公司收租金，这样就等于在分期付款了。

　　大通银行的总裁想：洛维格一文不名，也许没有什么信用可言，但是那家石油公司的信用却是可靠的。拿着租契去石油公司按月收钱，这自然是十分稳妥的。

　　洛维格终于贷到了第一笔款。他买下了他所要的旧货轮，把它改成油轮，租给了石油公司。然后又利用这艘船作抵押，借了另一笔款，又买了一艘船。

　　洛维格能够克服困难，最终达到自己的目的，他的成功与精明之处，就在于能够变通思维，用巧妙的方法使对方忽略他的一文不名，而看到他的背后有一家石油公司的可靠信用为他做支撑，从而成功地借到了钱。

　　和洛维格相仿，委内瑞拉人拉菲尔·杜德拉也是凭借积极的思维方法，不断找到好机会进行投资而成功的。在不到 20 年的时间里，他就建立了投资额达 10 亿美元的事业。

　　在 20 世纪 60 年代中期，杜德拉在委内瑞拉的首都拥有一家很小的玻璃制造公司。可是，他并不满足于干这个行当，他学过石油工程，他认为石油是个能赚大钱且更能施展自己才干的行业，他一心想跻身于石油界。

　　有一天，他从朋友那里得到一则信息，说是阿根廷打算从国际市场上采购价值 2000 万美元的丁烷气。得此信息，他充满了希望，认为跻身于石油界的良机已到，于是立即前往阿根廷活动，想争取到这笔合同。

去后，他才知道早已有英国石油公司和壳牌石油公司两个老牌大企业在频繁活动了。这是两家十分难以对付的竞争对手，更何况自己对石油业并不熟悉，资本又不雄厚，要成交这笔生意难度很大。但他并没有就此罢休，他决定采取迂回战术。

一天，他从一个朋友处了解到阿根廷的牛肉过剩，急于找门路出口外销。他灵机一动，感到幸运之神到来了，这等于向他提供了同英国石油公司及壳牌公司同等竞争的机会，对此他充满了必胜的信心。

他旋即去找阿根廷政府。当时他虽然还没有掌握丁烷气，但他确信自己能够弄到，他对阿根廷政府说："如果你们向我买2000万美元的丁烷气，我便买你2000万美元的牛肉。"当时，阿根廷政府想赶紧把牛肉推销出去，便把购买丁烷气的投标给了杜德拉，他终于战胜了两个强大的竞争对手。

投标争取到后，他立即筹办丁烷气。他随即飞往西班牙，当时西班牙有一家大船厂，由于缺少订货而濒临倒闭。西班牙政府对这家船厂的命运十分关切，想挽救这家船厂。

这一则消息，对杜德拉来说，又是一个可以把握的好机会。他便去找西班牙政府商谈，杜德拉说："假如你们向我买2000万美元的牛肉，我便向你们的船厂订制一艘价值2000万美元的超级油轮。"西班牙政府官员对此求之不得，当即拍板成交，马上通过西班牙驻阿根廷使馆，与阿根廷政府联络，请阿根廷政府将杜德拉所订购的2000万美元的牛肉，直接运到西班牙来。

杜德拉把2000万美元的牛肉转销出去之后，继续寻找丁烷气。他到了美国费城，找到太阳石油公司，他对太阳石油公司说："如果你们能出2000万美元租用我这条油轮，我就向你们购买2000万美元的丁烷气。"太阳石油公司接受了杜德拉的建议。从此，他便打进了石油业，实现了跻身于石油界的愿望。经过苦心经营，他终于成为委内瑞拉石油界的巨子。

洛维格与杜德拉都是具有大智慧、大胆魄的商业奇才。他们能够在困境中积极灵活地运用自己的思维，变通地寻找方法，创造机会，将难题转化为有利的条件，创造更多可以利用的资源。

这两个人的事例告诉我们：影响我们人生的绝不仅仅是环境，在很大程度上，思维控制了个人的行动和思想。同时，思维也决定了自己的视野、事业和成就。美国一位著名的商业人士在总结自己的成功经验时说，他的成功就在于他善于运用思维、改变思维，他能根据不同的困难，采取不同的方法，最终克服困难。

思维决定着一个人的行为，决定着一个人的学习、工作和处世的态度。正确的思维可以为成功加速，只有明白了这个道理，才能够较好地把握自己，才能够从容地化解生活中的难题，才能够顺利地到达智慧的最高境界。

改变思维，改变人生

马尔比·D. 巴布科克说："最常见同时也是代价最高昂的一个错误，就是认为成功依赖于某种天才、某种魔力，某些我们不具备的东西。"成功的要素其实掌握在我们自己手中，那就是正确的思维。一个人能飞多高，并非由人的其他因素，而是由他自己的思维所制约。

下面有这样一个故事，相信对大家会有启发。

一对老夫妻结婚50周年之际，他们的儿女为了感谢他们的养育之恩，送给他们一张世界上最豪华客轮的头等舱船票。老夫妻非常高兴，登上了豪华游轮。真的是大开眼界，可以容纳几千人的豪华餐厅、歌舞厅、游泳池、赌厅等应有尽有。唯一遗憾的是，这些设施的价格非常昂贵，老夫妻一向很节省，舍不得去消费，只好待在豪华的头等舱里，或者到甲板上吹吹风，还好来的时候他们怕吃不惯船上的食物，带了一箱泡面。

转眼游轮的旅程要结束了，老夫妻商量，回去以后如果邻居们问起来船上的饮食娱乐怎么样，他们都无法回答，所以决定最后一晚的晚餐到豪华餐厅里吃一顿，反正最后一次了，奢侈一次也无所谓。他们到了豪华的餐厅，烛光晚餐、精美的食物，他们吃得很开心，仿佛找到了初恋时候的感觉。晚餐结束后，丈夫叫来服务员要结账。服务员非常有礼貌地说："请出示一下您的船票。"丈夫很生气："难道你以为我们是偷渡上来的吗？"说着把船票丢给了服务员，服务员接过船票，在船票背面的很多空栏里划去了一格，并且十分惊讶地说："二位上船以后没有任何消费吗？这是头等舱船票，船上所有的饮食、娱乐，包括赌博筹码都已经包含在船票里了。"

这对老夫妇为什么不能够尽情享受？是他们的思维禁锢了他们的行为，他们没有想到将船票翻到背面看一看。我们每一个人都会遇到类似的经历，总是死守着现状而不愿改变。就像我们头脑中的思维方式，一旦哪一种观念占据了上风，便很难改变或不愿去改变，导致做事风格与方法没有半点儿变通的余地，最终只能将自己逼入"死胡同"。

如果我们能够像下面故事中的比尔一样，适时地转换自己的思维方法，就会使自己的思路更加清晰，视野更加开阔，做事的方法也会灵活转变，自然就会取得更优秀的成就。从某种程度上讲，改变了思维，人生的轨迹也会随之改变。

从前有一个村庄严重缺少饮用水，为了根本性地解决这个问题，村里的长者决定对外签订一份送水合同，以便每天都能有人把水送到村子里。艾德和比尔两个人愿意接受这份工作，于是村里的长者把这份合同同时给了这两个人，因为他们知道一定的竞争将既有益于保持价格低廉，又能确保水的供应。

获得合同后，比尔就奇怪地消失了，艾德立即行动了起来。没有了竞争使他很高兴，他每日奔波于相距 1 公里的湖泊和村庄之间，用水桶从湖中打水并运回村庄，再把打来的水倒在由村民们修建的一个结实的大蓄水池中。每天早晨他都必须起得比其他村民早，以便当村民需要用水时，蓄水池中已有足够的水供他们使用。这是一项相当艰苦的工作，但艾德很高兴，因为他能不断地挣到钱。

几个月后，比尔带着一个施工队和一笔投资回到了村庄。原来，比尔做了一份详细的商业计划，并凭借这份计划书找到了 4 位投资者，和他们一起开了一家公司，并雇用了一位职业经理。比尔的公司花了整整一年时间，修建了从村庄通往湖泊的输水管道。

在隆重的贯通典礼上，比尔宣布他的水比艾德的水更干净，因为比尔知道有许多人抱怨艾德的水中有灰尘。比尔还宣称，他能够每天 24 小时、一星期 7 天不间断地为村民提供用水，而艾德却只能在工作日里送水，因为他在周末同样需要休息。同时比尔还宣布，对这种质量更高、供应更为可靠的水，他收取的价格却是艾德的 75%。于是村民们欢呼雀跃、奔走相告，并立刻要求从比尔的管道上接水龙头。

为了与比尔竞争，艾德也立刻将他的水价降低到 75%，并且又多买了几个水桶，以便每次多运送几桶水。为了减少灰尘，他还给每个桶都加上了盖子。用水需求越来越大，艾德一个人已经难以应付，他不得已雇用了员工，可又遇到了令他头痛的工会问题。工会要求他付更高的工资、提供更好的福利，并要求降低劳动强度，允许工会成员每次只运送一桶水。

此时，比尔又在想，这个村庄需要水，其他有类似环境的村庄一定也需要水。于是他重新制订了他的商业计划，开始向其他的村庄推销他的快速、大容量、低成本并且卫生的送水系统。每送出一桶水他只赚1便士，但是每天他能送几十万桶水。无论他是否工作，几十万人都要消费这几十万桶的水，而所有的这些钱最后都流入到比尔的银行账户中。显然，比尔不但开发了使水流向村庄的管道，而且还开发了一个使钱流向自己钱包的管道。

从此以后，比尔幸福地生活着，而艾德在他的余生里仍拼命地工作，最终还是陷入了"永久"的财务问题中。

比尔之所以能获得成功，就在于他懂得及时转变思维。当得到送水合同时，他并没有立即投入挑水的队伍中，而是运用他的系统思维将送水工程变成了一个体系，在这个体系中的人物各有分工，通力协作。当这一送水模式在本村庄获得成功后，比尔又运用他的联想思维与类比思维，考虑到其他的村庄也需要这种安全卫生方便的送水服务，更加开拓了他的业务范围。比尔正是运用了巧妙的思维达到了"巧干"的结果。

思路决定出路，思维改变人生。拥有正确的思维，运用正确的思维，灵活改变自己的思维，才能使自己的路越走越宽，才能使自己的成就越来越显著，才能演绎出更加精彩的人生画卷。

好思维赢得好结果

很多年前，一则小道消息平静地传播在人们之间：美国穿越大西洋底的一根电报电缆因破损需要更换。这时，一位不起眼的珠宝店老板对此没有等闲视之，他几乎十万火急，毅然买下了这根报废的电缆。

没有人知道小老板的企图："他一定是疯了！"异样的眼光惊

诧地围绕在他的周围。

而他却关起店门，将那根电缆洗净、弄直，剪成一小段一小段的金属段，然后装饰起来，作为纪念物出售。大西洋底的电缆纪念物，还有比这更有价值的纪念品吗？

就这样，他轻松地成功了。接着，他买下了欧仁皇后的一枚钻石。那淡黄色的钻石闪烁着稀世的华彩，人们不禁问：他自己珍藏还是抬出更高的价位转手？

他不慌不忙地筹备了一个首饰展示会，其他人当然是冲着皇后的钻石而来。可想而知，梦想一睹皇后钻石风采的参观者会怎样蜂拥着从世界各地接踵而至。

他几乎坐享其成，毫不费力就赚了大笔的钱财。

他，就是后来美国赫赫有名、享有"钻石之王"美誉的查尔斯·刘易斯·蒂梵尼，原本只是一个磨房主的儿子！

这个故事告诉我们这样一个简单的道理：好思维赢得好结果。蒂梵尼没有将废旧电缆视为垃圾和废物，而是从纵深角度挖掘出了它的纪念价值。他也没有将皇后的钻石独自收藏或高价转让，而是从侧面开发出它更多的观赏价值，以及由此带来的对其他珠宝首饰销量的带动。

当别人关注于事物的某一点时，蒂梵尼总能看到更有价值的那个方面，并全力将它开发出来。可以说，蒂梵尼日后能够取得如此辉煌的成就，与他的思维是分不开的。

英国有这样一位美女，她也很善于灵活运用自己的思维，尤其善于运用独特的创意来拓展自己的业务，她就是被美容界称为"魔女"的安妮塔。

安妮塔拥有数千家美容连锁店，不过，安妮塔这个庞大的美容"帝国"，从没花过一分钱的广告费。

安妮塔于 1971 年贷款 4000 英镑开了第一家美容小店。她把店铺的外面漆成了绿色，以求吸引路人的眼球。开业前有一天，安妮塔收到一封律师函，律师称受安妮塔小店附近两家殡仪馆的委托控告她，要她要么不开业，要么就改变店外装饰，原因是她的小店这种花哨的装饰，破坏了殡仪馆庄严肃穆的气氛，从而影响了殡仪馆的生意。

安妮塔又好气又好笑，无奈中她灵机一动，想出了一个好主意。她打了一个电话给布利顿的《观察晚报》，声称她知道一个吸引读者扩大销路的独家新闻：黑手党经营的殡仪馆正在恐吓一个手无缚鸡之力的可怜女人——罗蒂克·安妮塔，这个女人只不过想在她丈夫准备骑马旅行探险的时候，开一家美容小店维持生计而已。

《观察晚报》果然上当了。它在显著位置报道了这则新闻，不少富有同情心和正义感的读者都来美容店安慰安妮塔，由于舆论的作用，那位律师也没有再来找麻烦。这样，小店尚未开业，就在布利顿出了名。

开业头几天，美容小店顾客盈门，热闹非凡。然而不久，一切发生了戏剧性的变化，顾客渐少，生意日淡。经过反思，安妮塔终于发现，新奇感只能维持一时，不能维持一世。自己的小店最缺少的是宣传，小店虽然别具风格，自成一体，但给顾客的刺激还远远不够，需要马上改进。

一个凉风习习的早晨，市民们迎着朝阳去肯辛顿公园，发现一个奇怪的现象：一个披着曲卷头发的古怪女人沿着街道往树叶或草坪上喷洒草莓香水，清新的香气随着袅袅的晨雾飘散得很远很远。她就是安妮塔，她要营造一条通往美容小店的馨香之路，让人们认识并爱上美容小店，闻香而来，成为常客。她的这些非常奇特意外的举动，又一次上了布利顿的《观察晚报》的版面。

后来，美容小店进军美国，在临开张的前几周，纽约的广告商纷至沓来，热情洋溢地要为美容小店做广告。他们相信，美容小店一定会接受他们的建议，因为在美国，离开了广告，商家几乎寸步难行。

但安妮塔却态度鲜明地说："先生，实在抱歉，我们的预算费用中，没有广告费用这一项。"

美容小店离经叛道的做法，引起美国商界的纷纷议论：外国零售商要想在商号林立的纽约立足，若无大量广告支持，说得好听是有勇无谋，说得难听无异于自杀。

而敏感的纽约新闻媒体没有漏掉这一"奇闻"，它们在客观报道的同时，还加以评论。读者开始关注起这家来自英国的公司，觉得这家美容小店确实很怪。这实际上已经起到了广告宣传的作用，安妮塔为此节省了上百万美元的广告费。

安妮塔就是依靠这一系列标新立异的创意让媒体不自觉地时常为其免费做"广告"，使最初的一间美容小店扩张成跨国连锁美容集团，其手法令人拍案叫绝。她的公司于1984年上市以后，很快就使她步入了亿万富翁的行列。

安妮塔虽然没有向媒体支付过一分钱的广告费，却以自己不断推出的标新立异的做法始终受到媒体的关注，使媒体不自觉地时常为其免费做"广告"，其手法令人拍案叫绝。

回过头来思考安妮塔获得的成功，无疑还是得益于她的好思维。她懂得巧妙地运用逆向思维，用"不打广告"这一"告示"来吸引媒体的眼球，起到了免费广告的作用。

人的思维是一种很奇妙的东西，它可以向无限的空间扩展，又可以层层收缩、探其根源，还可以逆转过来，从结局推导原因，更可以将各种思维糅合在一起，系统分析，就看拥有它的人是否能够打开自己的思路，灵活地加以运用。思维是人的一种工具，你可以自由地支配和利用它。运用好自己的思维，最终，你也会收获累累硕果。

让思维的视角再扩大一倍

有人问：创造性最重要的先决条件是什么？我们给出的答案是"思维开阔"。

我们假设你站在房子中央，如果你朝着一个方向走2步、3步、5步、7步或10步，你能看到多少原来看不到的东西呢？房子还是原来的房子，院子还是原来的院子。现在设想你离开房子走了100步、500步、700步，是否看到了更多的新东西？再设想你离开房子走了100米、1000米或10000米，你的视界是否有所改变？你是否看到了许多新的景色？你身边到处都是新的发现、新的事物、新的体验，你必须准备多迈出几步，因为你走得越远，有新发现的概率越高。

由于受到各种思维定式的影响，人们对于司空见惯的事物其实并不真正了解。也可以说，我们经常自以为海阔天空、无拘无束地思索，其实说不定只是在原地兜圈子。只有当我们将自己的视角扩大一些，来观察这同一个世界的时候，才可能发现它有许许多多奇妙的地方，才能发觉原先思考的范围很狭窄。

意大利有一所美术学院，在学生外出写生时，教师要求他们背对景物，脖子拼命朝后仰，颠倒过来观察要画的景物。据说，这样才能摆脱日常观察事物所形成的定式，从而扩大视野，在熟悉的景物中看出新意，或者发现平时所忽略的某些细节。

同样的道理，当我们欣赏落日余晖的时候，不妨把目光转向东方，那里有许多被人忽略的壮丽景观，像流动的彩云、窗户上反射出的日光等等；还可以把目光转向北方、南方的整个天空，这也是一种训练观察范围的方法，随着观察范围的扩大，创意的素材就会源源不断地进入我们的头脑。

也许有人会认为，观察和思考某一个对象，就应该全力集中在这一个对象身上，不应该扩大观察和思考的范围，以免分散注意力。而实际情况并非如此。多视角、多项感观机能的调动对于创新思维往往能够起到促进作用。人们发现，儿童在回答创意测验题时，喜欢用眼睛扫视四周，试图找到某种线索。线索丰富的环境能够给被试者以良好的思维刺激，使他获得更多的创见。

科学家进行过这样一次测试，首先把一群人关进一所无光、无声的室内，使他们的感官不能充分发挥作用。然后再对他们进行创新思维的测试，结果，这些人的得分比其他人要低很多。

由此可见，观察和思考的范围不能过于狭窄。

扩展思维的广度，也就意味着思维在数量上的增加，像增加可供思考的对象，或者得出一个问题的多种答案，等等。从实际的思维结果上看，数量上的"多"能够引出质量上的"好"，因为数量越大，可供挑选的余地也就越大，其中产生好创意的可能性也就越大。谁都不能保证，自己所想出的第一个点子，肯定是最好的点子。

比如，小小的拉链，最早的发明者仅仅用它来代替鞋带，后来有家服装店的老板把拉链用在钱包和衣服上，从此，拉链的用途逐渐扩大，几乎能把任何两个物体连接起来。

从思维对象方面来看，由于它具有无穷多种属性，因而使得我们的思维广度可以无穷地扩展，而永远不会达到"尽头"。扩展一种事物的用途，常常会导致一项新创意的出现。

让思维在自由的原野"横冲直撞"

美国康奈尔大学的威克教授曾做过这样一个实验：他把几只蜜蜂放进一个平放的瓶中，瓶底向光；蜜蜂们向着光亮不断碰壁，最后停在光亮的一面，奄奄一息；然后在瓶子里换上几只苍蝇，不到几分钟，所有的苍蝇都飞出去了。原因是它们多方尝试——向上、向下、向光、背光，碰壁之后立即改变方向，虽然免不了多次碰壁，但最终总会飞向瓶颈，脱口而出。

威克教授由此总结说：

"横冲直撞总比坐以待毙高明得多。"

思维阔无际崖，拥有极大自由，同时，它又最容易被什么东西束缚而困守一隅。

在哥白尼之前，"地心说"统治着天文学界；在爱因斯坦发现相对论之前，牛顿的万有引力似乎"完美无缺"。大家的思维因有了一个现成的结论，而变得循规蹈矩，不再去八面出击。后来，哥白尼和爱因斯坦"横冲直撞"，前者才发现了"地心说"的错误，后者发现了万有引力的局限。

在学习与工作中，我们要学一学苍蝇，让思维放一放野马，在自由的原野上"横冲直撞"一下，也许你会看到意想不到的奇妙景象。

1782年的一个寒夜，蒙格飞兄弟烧废纸取暖，他俩看见烟将纸灰冲上房顶，突然产生了"能否把人送上天"的联想，于是兄弟俩用麻布和纸做了个奇特的彩色大气球，八个大汉扯住口袋进行加温随后升天，一直飞到数千米高空，令法国国王不停地称奇！从而开辟了人类上天的先河。

英军记者斯文顿在第一次世界大战中，目睹英法联军惨败于德军坚固的工事和密集的防御火力后，脑中一直盘旋着怎样才能对付坚固的工事和密集的火力这一问题。一天他突发灵感，想起在拖拉机周围装上钢板，配备机枪，发明了既可防弹，又能进攻的坦克，为英军立下奇功。

有时，并不是我们没有创造力，而是我们被已有的知识限制，思维变得凝滞和僵化。而那些思维活跃、善于思考的人往往能做到别人认为不可能做到的事情。

1976年12月的一个寒冷早晨，三菱电机公司的工程师吉野先生2岁的女儿将报纸上的广告单卷成了一个纸卷，像吹喇叭似的吹起来。然后她说："爸爸，我觉得有点儿暖乎乎的啊。"孩子的感觉是喘气时的热能透过纸而被传导到手上。正苦于思索如何解决通风电扇节能问题的吉野先生突然受到了启发：将纸的两面通进空气，使其达到热交换。他以此为原型，用纸制作了模型，用吹风机在一侧面吹冷风，在另一侧面吹进暖风，通过一张纸就能使冷风变成暖风，而暖风却变成了冷风。此热交换装置仅仅是将糊窗子用的窗户纸折叠成像折皱保护罩那样一种形状的东西，然后将它安装在通风电扇上。室内的空气通过折皱保护罩的内部而向外排出；室外的空气则通过折皱保护罩的外侧而进入保护罩内。通过中间夹着的一张纸，使内、外两方面的空气相互接触，使其产生热传导的作用。如果室内是被冷气设备冷却了的空气，从室外进来的空气就能加以冷却，比如室内温度26℃，室外温度32℃，待室外空气降到27.5℃之后，再使其进入室内。如果室内是暖气，就将室外空气加热后再进入室内，比如室外0℃，室内20℃，则室外寒风加热到15℃以后再入室。这样，就可节约冷、热气设备的能源。

三菱电机公司把这一装置称作"无损耗"的商品，并在市场出售。使用此装置，每当换气之际，其损失的能源可回收2/3。

有时，我们会被难以解决的问题所困扰，这时，需要我们为思路打开一个出口，开辟一片自由的思想原野，让思维在这片原野上"横冲直撞"，这样，会让你得到更多。

第二章
逻辑基本规律

逻辑基本规律

所谓规律，就是事物运动过程中固有的本质的必然的联系，它决定着事物的发展方向。人们在认识和改造客观世界的过程中，必须遵循一定的规律。规律是客观存在的，不以人的意志为转移。只有遵循事物发展的规律，才能推动事物的发展；违背了事物发展的规律，就必然会导致失败。在人们进行思维活动的时候，也要遵循一定的逻辑规律。事实上，思维规律本就是逻辑学的三大研究对象之一。只有遵循逻辑规律，才能进行正确、有效的思维活动；而一旦违背了逻辑规律，就必然导致思维的混乱。逻辑规律就像是人类社会的法律，只要身处其中，就必须遵循。不同的是，法律规范的是人的行为，而逻辑规律规范的是人的思维活动。

逻辑规律可以分为特殊的逻辑规律和一般的逻辑规律，也有人把它分为非基本的逻辑规律和基本的逻辑规律，或者是具体的逻辑规律和基本的逻辑规律。

所谓特殊的逻辑规律是在某些特定范围内需要遵循的逻辑规律。比如，直言判断的对当关系、直言三段论、联言推理、假言推理、选言推理以及二难推理等所遵循的规则都是特殊的逻辑规律。在进行直言三段论推理时，就必须遵循直言三段论的逻辑规律；反之，直言三段论的逻辑规律也只适用于直言三段论推理，而不适用于其他推理。因此，特殊的逻辑规律的作用是有限的，只适用于某一特定范围。

一般的逻辑规律就是指逻辑的基本规律，即普遍适用于逻辑思维过程中的一般性规律。它一般包括同一律、矛盾律、排中律以及充足理由律。这四条基本的逻辑规律既是对人类思维活动的基本特征的反映，也是对人们进行正确的思维活动的要求。这些规律是人们长期进行思维活动的经验的总结，而它们又反过来指导、规范着人们的思维活动。逻辑的基本规律不但适用于概念、判断、推理、论证等各个具体领域，也作用于人们的日常生活、学习或者工作、研究等思维活动。逻辑的基本规律就像空气，存在于任何形式的思维活动中，也是任何形式的思维活动所不可或缺的。

如果把逻辑规律比作法律，特殊的逻辑规律就如同法律中的刑法、民法、经济法、婚姻法、知识产权法等，而逻辑的基本规律就好比国家的根本大法——宪法。刑法、民法、经济法、婚姻法、知识产权法等的制定都要依据宪法进行，特殊的逻辑规律也必须以遵循逻辑的基本规律为前提。

人们对逻辑规律的认识并不是完全相同的。逻辑实证主义者就认为，逻辑规律只是少数人之间的约定，并不适用于所有人群。根据这种观点，世界各个国家或地区的不同人群就会有不同的约定，而他们也只能依据自己的约定进行思维活动，彼此不能互相理解。而事实上，人们之间的交流和理解不仅一直存在着，而且越来越频繁。这主要是因为，人们进行思维的具体内容虽然各不相同，但却都遵循着逻辑思维的基本规律，这也正是不同语言、经历以及生活习惯中的人能够互相理解、交流的原因。而先验论者则认为逻辑思维规律是人们与生俱来的、主观自生的，而不是对客观规律的反映。这种观点割断了人们的理性认识与感觉经验和社会实践的联系，否认了认识同客观世界的反映与被反映的联系，因而是错误的。人非生而知之，而是经过后天的学习得来的，逻辑思维也是如此。所以，如果没有后天有意识地培养甚至训练，人们就不会形成遵循和运用逻辑规律的思维能力。

逻辑实证主义者与先验论者的共同错误就在于忽视了逻辑基本规律的客观性。而客观性，是逻辑基本规律的重要特征之一。物质决定意识，意识是物质的反映。思维活动作为一种意识，也是人们对客观世界的反映。虽然其形式上是主观，但其内容却是客观的。因为人的思维不可能凭空产生，任何思维的内容都来源于客观存在。而客观存在的规律反映到人的思维中，就使得人的思维规律具有了客观性，并且不以人的意志为转移。比如，"领导总说要听取群众的意见，我是群众，可他从没有听取过我的意见"。在这一思维过程中，前后两个"群众"虽然是一个词语，但前者是集合概念，后者是非集合概念，违背了同一律的要求，因此是错误的。由此可见，逻辑的基本规律对人们正确进行思维活动有着不可或缺的规范性，是客观存在的，不能随人的意志任意改变。

逻辑基本规律的另一大特征是确定性。客观事物都是具有确定性的，比如，"天"就是"天"，"地"就是"地"，"天"不会是"地"，"地"也不会是"天"。当一种事物具有某种属性时，就不能同时不具有某种属性。比如，如果"小明是他弟弟"是对的，那么"小明不是他弟弟"就不能同时是对的。诸如此类的事实都可以说明客观事物具有确定性，而客观事物的确定性又决定了思维的确定性。比如，当你对某一现象进行思维的过程中，你断定了它是什么或有什么，就不能再断定它不是什么或没有什么，否则就违背了逻辑基本规律中的矛盾律。

此外，逻辑基本规律还有两个基本特征，即普遍性和论证性。

其存在的普遍性，简而言之，就是指逻辑基本规律对人们的思维活动具有普遍的规范性和指导意义。而人们在对某一思想或观点进行论断的过程中，逻辑基本规律也显示了它的论证性。事实上，正是在逻辑基本规律的规范下，论证过程才得以顺利进行。

总之，只有遵循逻辑的基本规律，才能使人们的思维活动具有一贯性、明确性和无矛盾性，也才能使我们的思维过程明确概念，进行恰当而有效的判断、推理和强有力的论证。

同一律

清代袁枚的《随园诗话补遗》里有这么一则记载：

唐时汪伦者，泾川豪士也，闻李白将至，修书迎之，诡云："先生好游乎？此地有十里桃花。先生好饮乎？此地有万家酒店。"李欣然至。乃告云："桃花者，潭水名也，并无桃花。万家者，店主人姓万也，并无万家酒店。"李大笑，款留数日，赠名马八匹，官锦十端，而亲送之。李感其意，作《桃花潭》绝句一首。

这则轶事中的汪伦即是李白《赠汪伦》中"桃花潭水深千尺，不及汪伦送我情"中的汪伦。汪伦故意把深十里的桃花潭说成"十里桃花"，把姓万的主人开的酒店说成是"万家酒店"，终于迎来了李白。他这样做，到底是求贤若渴还是沽名钓誉且不去论，其巧妙运用同一律的做法则不能不让人赞叹，怪不得李白听了后也"大笑"不已，并赠诗予他了。

作为逻辑基本规律之一的同一律是指在同一思维过程中，每一思想都与其自身保持同一性。这里的"同一"，既包括同一思维过程中的同一时间，又包括其中的同一关系和同一对象。也就是说，在推理或论证某一思想的时候，在同一思维过程中，涉及该思想的时间、关系以及对象都必须始终保持同一。前面的推理或论证中该思想出现时是什么时间、什么关系、哪个对象，后面推理或论证时也要是这一时间、这一关系和这一对象。这三个要素中有任何一个不同一，都会违反同一律，犯混淆概念、论题或转移概念、论题的错误。比如：

唐代以后，古体诗尤其是长篇古体诗转韵的例子有很多，比如张若虚的《春江花月夜》和白居易的《琵琶行》《长恨歌》等。

这句话中，在论证"古体诗转韵"这一思想时，前面提到的时间是"唐代以后"，后面举的例子的时间却是"唐代"（张若虚、白居易俱为唐代人），在时间上没有保持同一性，因而是错误的。

一般来讲，时间、关系和对象都可以通过概念或判断表现出来。所以，在同一思维过程中，保持时间、关系和对象的同一性就是保持概念和判断的同一性。这也是同一律的基本要求。

保持概念的同一性就是要求在同一思维过程中，每一个概念都要与其自身保持同一性，即每一个概念的内涵和外延要具有确定性。这主要是因为，概念的内涵和外延都是极为丰富的，如果在同一思维过程中，前面用的是某概念的这一内涵或外延，而后面用的则是该概念的另一内涵或外延，那么这个概念的内涵和外延就是不确定的。这就违反了同一律，必然造成思维的混乱。比如：古希腊著名诡辩家欧布利德斯曾这样说："你没有失掉的东西，就是你有的东西；你没有失掉头上的角，所以你就是头上有角的人。"他的这一推理可以用三段论形式来表示：

凡是你没有失掉的东西就是你有的东西，

你头上的角是你没有失掉的东西，

所以，你头上的角是你有的东西。

在这个推理中，大前提中的"你没有失掉的东西"是指原来具有而现在仍没有失掉的东西；小前提中的"你没有失掉的东西"则是指你从来没有的东西，二者显然不是同一概念。从推理形式来说，这一推理犯了"四词项"错误；从思维过程来说，这一思维过程违反了同一律，犯了偷换概念的错误。这就是欧布利德斯的诡辩。

　　保持判断的同一性就是要求在同一思维过程中，每一个判断都要与其自身保持同一性，即每一个判断的内容都要具有确定性。也就是说，不管是在你表达自己的观点时，还是在你与别人进行讨论或辩论某一个问题时，或者是对某一错误观点进行反驳时，都要保持判断的确定性，即一个判断原来断定的是什么，后来断定的也要是什么，判断的真假值必须前后一致。否则就会违反同一律，造成思维的混乱。比如：

　　明朝永乐年间，有一位朝廷大臣为母亲祝寿，明朝的大才子、《永乐大典》的主编解缙应邀前往。受邀的各位客人都带了礼物，但解缙却空手而来，大家都很意外。轮到解缙祝寿时，他要来文房四宝，挥笔写道："这个婆娘不是人。"众人大惊，那位为母亲祝寿的大臣的脸也阴沉了下来。解缙不以为意，继续写道："九天仙女下凡尘。"大家都松了口气，刚准备喝彩时，只见解缙又写道："个个儿子都是贼。"众人再次大哗，那个大臣似乎也忍不住要发作。解缙仍然不理会众人，不慌不忙地写下最后一句："偷得蟠桃献母亲。"一时满堂喝彩。

　　这四句祝辞看似违反了同一律，但实际上却是解缙对同一律的巧妙运用。"这个婆娘不是人"与"九天仙女下凡尘"表面上看似无关，其实是对同一对象（大臣的母亲）所做的同一判断，因为九天仙女本就不是人而是神；同样，"个个儿子都是贼"与"偷"也是同一判断，因为偷东西的自然是贼了。解缙正是通过对同一律的巧妙运用，达到这样一个令人意想不到的效果的。

如果我们用 A 表示任一概念或判断，那么同一律的逻辑形式就可以表示为：A 是 A。也可以表示为：如果 A，那么 A。用符号表示就是：A → A。这一逻辑形式表示的是在同一思维过程中，每一个概念或判断都要与其自身保持同一性。

需要注意的是，同一律不是哲学上讲的"表示对事物根本认识的"世界观和"认识、改造客观世界的"方法论。也就是说，它本身并非是对一切事物都绝对与自身同一且永不改变的断定。它只是规范人们思维活动的一条规律，只对人们在同一思维过程中保持概念或判断的前后同一性做要求。而且，它并不否定概念或判断随着事物的发展产生的变化，只是要求人们在同一思维过程中不能任意改变概念和判断的确定性。

如果违反了同一律，就会犯逻辑错误，比如混淆概念、偷换概念、转移论题和偷换论题。其中，"混淆概念"和"转移论题"与"偷换概念"和"偷换论题"的区别在于，犯前两种错误的认识主体一般是无意识的，而犯后两种错误的认识主体一般是有意识的。无意识的犯错可能是认识主体本身对同一律的认识或认真度不够，有意识的犯错则是认识主体为了达到某种目的而故意违反同一律。比如，为了反驳、讥讽或者幽默等而为之，或者为了诡辩而为之等。事实上，"偷换概念"和"偷换论题"本就是诡辩者的常用伎俩。具体内容会在逻辑谬误一章中详细叙述。

这里说一下转移论题和偷换论题。

转移论题是指在同一思维过程中，无意识地把某些表面相似的不同判断当作同一判断使用而犯的逻辑错误，也叫离题或跑题。同混淆概念一样，转移论题一般也是由认识主体对概念本身认识不清或逻辑知识欠缺而造成的。比如：

李老师到学生小明家里家访，一进门就看到小明在抽烟。李老师严肃地看着小明，小明吓了一跳，满面通红地站在那里，不知道该怎么办。这时小明的爸爸从里屋出来，看到小明看着老师发呆，忙批评道："你这孩子真不懂事，别光自己抽啊，也给老师抽一支啊！"

小明的爸爸把李老师对小明的责备看作是对小明不礼貌的不满，因而做出小明"不懂事"，让他赶紧给李老师"抽一支"的判断，犯了转移论题的错误，不禁让人觉得好笑。

人们在说话、辩论或写文章时，也经常犯转移论题的错误。常见的情况是答非所问，或者长篇大论了半天，最后却离题万里，让人不知道他究竟在说什么。比如：

一位病人与医生电话预约第二天看病的时间。

完毕后，病人不放心地问："医生，请问，除此之外我还有其他需要准备的吗？"

"把钱准备好。"医生马上回答道。

病人的询问是指在看病前是否还要做些其他有助于治疗的准备事宜，而医生却给出了与病人所问完全不同的回答，显然犯了转移论题的错误。

刘震云在其小说《手机》中描写费墨时，说他每次讨论一个问题好像都要从原始社会开讲，几千年一直讲下来，长篇大论。看似渊博，实际上不知所云。事实上，费墨所犯的就是转移论题的错误。

偷换论题是指在同一思维过程中，为达到某种目的而故意违反同一律，把某些表面相似的不同判断当作同一判断使用或者把一个新判断当作原来的判断使用而犯的逻辑错误。比如：

有个议员为了攻击林肯，故意当着众人的面说："林肯先生有两副面孔，是一个标准的两面派！"林肯耸耸肩，无奈地说："先生，如果您是我，并且果真有另一副面孔的话，您还愿意整天带着这副面孔出门吗？"

议员说"林肯有两副面孔"是想让众人觉得林肯是个两面派，但林肯却故意偷换了论题，采用自嘲的幽默方式不动声色地否定了议员的判断。

同一律是逻辑的基本规律之一，也是对客观事物的反映。而遵循同一律，无疑是正确反映客观事物的前提。只有正确地反映客观事物，才能够做出正确的判断、推理和论证，从而进行正确、有效的思维活动。同时，同一律也是保证同一推理或论证过程中任一概念、判断与其自身同一的法则，而这又是保证思维的确定性的必要条件。此外，遵循同一律可以让人们正确地表达自己意见，反驳错误的观点，揭露诡辩者的真面目，让人们充分、有效地交流思想。

矛盾律

一天，一个年轻人来到爱迪生的实验室，爱迪生很礼貌地接待了他。年轻人说："爱迪生先生，我很崇拜您，我很希望能到您的实验室工作。"爱迪生问道："那么，您对发明有什么看法呢？"年轻人激动地说："我要发明一种万能溶液，它可以毫不费力地溶解任何东西。"爱迪生惊奇地看着他说："您真了不起！不过，既然那种溶液可以毫不费力地溶解一切，那么你打算用什么东西来装它呢？"年轻人顿时语塞。

这则故事中，年轻人和《韩非子》中卖矛和盾的那个楚人犯了同样的错误，都违反了矛盾律。既然"万能溶液"可以溶解一切，自然也能溶解实验设备及盛装它的器皿。如此一来这种溶液不但无法发明，更无法保存。这显然是自相矛盾的。

矛盾律就是指在同一思维过程中，互相否定的两个思想不能同时为真。这里的互相否定既指互相矛盾，也指互相反对。也就是说，在同一思维过程中，人们的任何推理、论证过程都必须保持前后一贯性，两个互相矛盾或互相反对的思想不能同时为真，必须有一个为假。这也是矛盾律对思维活动的基本要求。当然，同一思维过程也是指同一时间、同一关系和同一对象。

如果用 A 表示任一概念或判断，用非 A 表示任一概念或判断的否定，那么矛盾律的逻辑形式就可以表示为：A 不是非 A，或者并非"A 且非 A"。用符号表示则是 $\neg(A \wedge \neg A)$。这一逻辑形式表示的就是 A 与非 A 不能同时成立。

与同一律一样，我们也可以从概念和判断两个方面来对矛盾律加以说明。

首先，在同一思维过程中，两个互相矛盾或互相反对的概念不能同时为真。换言之，不能用两个互相矛盾或反对的概念去表示同一个对象。比如，在同一思维过程中，如果用"高"和"矮"同时形容一个人，或者用"熟"和"不熟"同时形容一份炒菜，就会违反矛盾律，造成思维的混乱。再比如，19 世纪，德国哲学家杜林提出了一个"可以计算的无限序列"的命题，这是一个关于概括世界的定数律。问题在于，如果是"无限序列"，就是不可计算的；如果是"可以计算的"，就不会是无限序列。既"可以计算"又是"无限序列"，显然自相矛盾。

当然，由于概念的内涵和外延极其丰富，如果是在不同的思维过程中，比如不同的时间或针对不同的对象时，互相矛盾的两个概念就不违反矛盾律。《古今谭概》中就有这么一个例子：

吴门张幼于，使才好奇，日有闯食者，佯作一谜粘门云："射中许入。"谜云："老不老，小不小；羞不羞，好不好。"无有中者。王百谷射云："太公八十遇文王，老不老；甘罗十二为丞相，小不小；闭了门儿独自吞，羞不羞；开了门儿大家吃，好不好。"张大笑。

"老"与"不老"、"小"与"不小"、"羞"与"不羞"、"好"与"不好"本是四对互相矛盾的概念，不能同时为真的。但经过王百谷一解，就完全说得通了："太公八十遇文王"，年龄是"老"了，但其心其志却"不老"；"甘罗十二为丞相"年龄是"小"了，但其才却"不小"；而"羞不羞""好不好"则是对主人的反问。王百谷之所以用了两个互相矛盾的概念指称同一对象而又没有违反矛盾律，是因为这两个概念的外延并不同，是对同一对象不同角度的说明。

其次，在同一思维过程中，两个互相矛盾或互相反对的判断不能同时为真。换言之，不能用两个互相矛盾或反对的判断去对同一对象做断定：即如果断定了某对象是什么，就不能再同时断定它不是什么或是别的什么。比如：形容一朵花时，不能既断定"这朵花是菊花"，又同时断定"这朵花不是菊花"；对一个人讲的话，不能既断定"凡是他说的话都是对的"，又同时断定"他说的有些话是错的"。

需要注意的是，两个判断互相矛盾是指这两个判断不能同真，也不能同假。根据逻辑方阵可知，直言判断中的 A 判断与 O 判断、E 判断与 I 判断是矛盾关系；模态判断中的 □P 与 ◇¬P、□¬P 与 ◇P 是矛盾关系；正判断与负判断也是矛盾关系。比如："明天必然是晴天"与"明天可能不是晴天"是矛盾关系，不能同时为真，也不能同时为假。两个判断互相反对是指这两个判断不能同真，但可以同假。直言判断中的 A 判断与 E 判断是反对关系，模态判断中的 □P 与 □¬P 也是反对关系。比如："他是北京人"与"他是河南人"是矛盾关系，不能同真，但可以同假。

此外，有时候，对同一对象进行断定的判断里会含有两个互相矛盾或互相反对的概念，这也是违反矛盾律的。比如：

（1）天上万里无云，白云朵朵。

（2）这个结论基本上是完全正确的。

判断（1）中，"万里无云"，就不可能再"白云朵朵"，反之亦然，二者既不能同真，也不能同假，是矛盾关系；判断（2）中，"基本上"与"完全"不能同真，但可以同假，是反对关系。这两个判断都违反了矛盾律，因而都是错误的。

作为逻辑的基本规律之一，矛盾律对人们进行正确的思维活动有着重要的规范作用。在同一思维过程中，如果互相矛盾或互相反对的思想同时为真，或者说在同一时间和同一关系的前提下，对同一对象做互相矛盾或互相反对的判断，就会违反矛盾律，犯"自相矛盾"的错误。这种"自相矛盾"的错误，不仅指概念间的自相矛盾（比如"圆形的方桌""冰冷的热水"等），也包括判断间的自相矛盾（比如"这幅画上有两只蝴蝶"和"这幅画上有一只蝴蝶"等）。

看下面一则故事：

据说，关羽死后成了天上的神。一次，他正在天庭散步，突然看到一个挑着一担帽子的人走过来。关羽喝道："你是干什么的？"这人答道："小的是卖高帽子的。"关羽怒斥道："你们这种人最可恨，许多人就是因为喜欢戴高帽子才犯了致命的错误。"这人恭敬地答道："关老爷您说的没错，世上有几个人能像您一样刚正不阿，对这种高帽子深恶痛绝的呢？"关羽心中大喜，便放他走了。走远后，这人回头看了下担子，发现上面的高帽子少了一顶。

这则故事中，关羽本来对喜欢戴高帽子的人是深恶痛绝的，可自己被人戴了高帽子后，却又大喜过望。对同一件事却有着完全相反的表现，可谓自相矛盾了。

　　违反矛盾律，实际上就是违反了同一思维过程中思想的前后一贯性。在日常生活中，我们说某个人"言而无信，出尔反尔"或者"前言不搭后语"就是指他们违反了思维过程的一贯性，犯了自相矛盾的逻辑错误。

　　事实上，与同一律一样，矛盾律也是对思维的确定性的一种要求。如果说同一律是从肯定的角度（即"A 是 A"）对同一思维过程中的思想的确定性进行规范，那么矛盾律（即"A 不是非 A"）就是从否定的角度对其进行规范。因此可以说，矛盾律实际上是同一律的一种引申。

　　对于规范人们思维活动的逻辑规律之一，矛盾律是人们的思维得以正确表达的必要条件。只有遵循矛盾律的要求，人们才能避免自相矛盾，保持同一思维过程中思想的首尾一贯性。其次，在提出某些科学理论时，也必须遵循矛盾律，因为任何科学理论中都不能存在自相矛盾的逻辑错误。

　　在日常运用中，矛盾律也是人们揭露逻辑矛盾、反驳虚假命题的重要依据。比如，人们可以通过证明一个假命题的矛盾命题或反对命题为真来间接证明原命题为假。这种方法在辩论中较为常用。此外，矛盾律在人们进行推理的过程中也发挥着积极作用。在同一思维过程中，依据矛盾律的要求，互相矛盾或互相反对的思想不能同时为真，必有一个为假。人们可以根据这一特征，对推理过程中两个互相矛盾或互相反对的思想进行排除，进而推出正确的结论。

　　逻辑矛盾是指在同一思维过程中，因违反矛盾律而犯的逻辑错误。所以，逻辑矛盾也叫自相矛盾。它主要是说同一认识主体在同一时间、同一关系里对同一对象做出互相矛盾或互相反对的判断。而辩证矛盾则是指客观事物内部存在的既对立又统一的矛盾，列宁称其为"实际生活中的矛盾"，而不是"字面上的、臆造出来的矛盾"。这是逻辑矛盾与辩证矛盾含义上的区别。比如：

（1）他在这次 10000 米越野赛中获得冠军，但不是第一名。

（2）他在这次 10000 米越野赛中虽然是最后一名，但他仍然是成功的，因为他坚持到了最后。

第一句话中，既然说"冠军"，又说"不是第一名"，显然是犯了"自相矛盾"的逻辑错误；而第二句话同时肯定"最后一名"和"成功"为真，是因为他战胜了自己，坚持到了最后，其不放弃的精神是值得赞赏的。前者是针对"名次"这一个对象而言，后者是针对"名次"与"精神"两个对象而言。所以，前者属于逻辑矛盾，后者属于对立统一的辩证矛盾。

具体地说，逻辑矛盾和辩证矛盾之间的不同表现在以下几个方面。

两种矛盾的性质不同。

逻辑矛盾是违反矛盾律而犯的逻辑错误，其本质是思维过程中出现的无序、混乱现象。比如，《韩非子》中的楚人一方面夸口"吾盾之坚，物莫能陷也"，一方面又声称"吾矛之利，于物无不陷也"。同时肯定"不可陷之盾"与"无不陷之矛"为真，违反了矛盾律，造成了逻辑矛盾。再比如：

大卫上了火车后，好不容易找到一个座位，走过去时却发现上面有个手提包。大卫便问对面的一个妇女："请问这是你的包吗？"妇女说道："不是我的，那个人下车买东西去了。"大卫说声"谢谢"，便站在了一旁。一会儿火车启动了，但那个座位仍然空着。大卫赶忙拿起那个包从车窗扔出去："他没有上车，把包忘在这儿了，我给他扔下去！"看到大卫把包扔出窗外，妇女惊叫道："啊！那是我的包！"

这则故事中，妇女先肯定"手提包不是我的"，后又肯定"手提包是我的"，犯了自相矛盾的错误，并因此而丢失了自己的包，实在可笑。

辩证矛盾则是普遍存在于自然界、社会中的既对立又统一的矛盾，是现实的矛盾。思维的辩证矛盾就是思维对客观事物内部存在的辩证矛盾的反映。马克思主义认为任何事物都是作为矛盾统一体而存在的，矛盾是事物发展的源泉和动力。比如，电学中的正电与负电、化学中的化合与分解、生物学中的遗传与变异以及统治阶级与被统治阶级、战争与和平、正义与邪恶等，都是辩证矛盾。

两种矛盾中矛盾双方的关系不同。

在逻辑矛盾中，矛盾双方是完全的互相否定、互相排斥的关系，其中必有一方为假，没有对立统一的关系，也不能相互转化。比如：

小刚不想上学，于是便学着爸爸的声音给老师打电话："老师，小刚生病了，大概这两天不能去上学了。"王老师说道："是吗？那么，现在是谁在跟我说话呢？""我爸爸，老师。"小刚不假思索地说道。

这则故事中，小刚既承认自己在说话，又承认是"爸爸"在说话，犯了自相矛盾的逻辑错误。而且，"小刚"要么是他自己，要么是他"爸爸"，二者只能有一个为真，不能相互转化。

在辩证矛盾中，矛盾的双方是互相对立统一的关系，而且在一定条件下可以互相转化。比如臧克家《有的人》中有两句诗：

有的人活着，他已经死了；有的人死了，他还活着。

"活着"与"死了"本是相互矛盾的两个概念，不可能同时为真。但在这里，"有的人活着，他已经死了"中的"活着"是指骑在人民头上的人，其躯体虽然活着，但生命已毫无意义，虽生犹死；"有的人死了，他还活着"则是指鲁迅，虽然生命已经消亡，但其精神永存，虽死犹生。在这里，"活着"与"死了"是对立统一的两个概念，是辩证的。

而且，辩证矛盾的双方在一定条件下是可以转化的。比如，当新兴的资产阶级推翻封建地主阶级的政权后，他们原来的统治与被统治的关系就发生了转变。

两种矛盾存在的条件不同。

只有人们在思维过程中违反了矛盾律时，才会出现逻辑矛盾。它的存在不是客观事物或人的思维过程中所固有的，而是或然性的。而辩证矛盾却是客观事物所固有的，它的存在是普遍的、无条件的。可以说，事事处处、时时刻刻都存在着辩证矛盾。

两种矛盾的解决方法不同。

逻辑矛盾从本质上说只是一种错误，是人为的，应该也能够消除。事实上，矛盾律就是规范人们的思维活动的规律。只要按照矛盾律的要求进行思维，就可以避免"自相矛盾"的逻辑错误。比如，上面提到的两个故事中，如果那个妇女承认那个手提包是自己的，小刚也不去为了逃课而撒谎，其中的逻辑矛盾就完全可以避免。辩证矛盾从本质上说是一种客观存在，无法消除，也避免不了。比如，正电和负电、战争与和平、遗传与变异等之间的辩证矛盾就不可能消除。而且，只有承认了事物内部存在的这种辩证矛盾，才能正确地认识客观事物。

此外，承认一种矛盾并不等于否定另一种矛盾，反之亦然。也就是说，因逻辑混乱而产生的矛盾与客观事物所固有的矛盾并不是互相对立的。不允许出现逻辑矛盾并不意味着否认辩证矛盾，承认辩证矛盾也不等于允许逻辑矛盾的存在。比如：

（1）这场大火给我们造成了重大损失；这场大火没有给我们造

成重大损失。

（2）这场大火既是坏事，也是好事。

第一组是两个互相矛盾的判断，不能同真，其中必有一假，否则就会出现逻辑矛盾；第二组则是辩证矛盾，它们从不同方面、不同意义上反映了大火的两重性。比如，大火给我们带来的生命、财产的损失是坏事，从火灾中吸取有益的教训、发现我们在安全意识上的不足则是好事。承认"大火"这一事件中存在的辩证矛盾并不等于承认对"大火"认识过程中出现的逻辑矛盾，而消除对"大火"认识过程中出现的逻辑矛盾也不等于就否定了"大火"这一事件中存在的辩证矛盾。这两者是不能混淆的。

总之，逻辑矛盾是人们认识事物的障碍，而辩证矛盾则是人们认识事物的动力。人们在思维活动中应该尽量避免出现逻辑矛盾，一旦发现了也要想方设法地消除；对于客观存在的辩证矛盾则必须有正确认识，要明白它的存在并不以人的意志为转移，人只能认识它、利用它，而无法回避它、消除它。

悖 论

"悖论"一词来自希腊语，意思是"多想一想"。英文里则用"paradox"表示，即"似是而非""自相矛盾"的意思，这实际上也是悖论的主要特征。我们在"逻辑起源于理智的自我反省"中就提到过，所谓悖论，就是在逻辑上可以推导出互相矛盾的结论，但表面上又能自圆其说的命题或理论体系。其特点即在于推理的前提明显合理，推理的过程合乎逻辑，推理的结果却自相矛盾。悖论也称为"逆论"或"反论"。

如果我们用 A 表示一个真判断为前提，在对其进行有效的逻辑推理后，得出了一个与之相矛盾的假判断为结论，即非 A；相反，以"非A"这一假判断为前提，对其进行有效的逻辑推理后，也会得出一个与之相矛盾的真判断为结论，即A。那么，这个A和非A就是悖论。简言之，如果承认某个判断成立，就可推出其否定判断成立；如果承认其否定判断成立，又会推出原判断成立。也就是说，悖论就是自相矛盾的判断或命题。

悖论的产生一方面是逻辑方面的原因。实际上，悖论就是一种特定的逻辑矛盾。这主要是因为构成悖论的判断或语句中包含着一个能够循环定义的概念，即被定义的某个对象包含在用来对它定义的对象中。简单地说就是，我们本来是对A来定义B的，但B却包含在A中，这样就产生了悖论。悖论产生的另一原因是人们的认识论和方法论出现了问题。悖论也是对客观存在的一种反映，只不过是人们认识客观世界的过程中，所运用的方法与客观规律产生了矛盾。

具体地讲，悖论的产生有以下几种情况。

第一，由自我指称引发的悖论。所谓自我指称，是说某一总体中的个别直接或间接地又指称这个总体本身。这个总体可以是语句、集合，也可以是某个类。而自我指称之所以能引发悖论，就是因为"自指"是不可能的。德国哲学家谢林就曾说过："自我不能在直观的同时又直观它进行着直观的自身。"比如，当你在"思考"的时候，你不可能同时又去"思考"这"思考"本身；当你在"远眺"的时候，你不可能又同时去"远眺"这"远眺"本身。我们曾提到的"所有的克里特岛人都说谎"这一悖论就是因自我指称引发的，因为说这话的匹门尼德本人也是克里特岛人。试想，如果这一判断是克里特岛人以外的人做出的，那就不会引发悖论了。再比如20世纪初英国哲学家罗素提出的"集合论"悖论也是自我指称引发的，即R是所有不包含自身的集合的集合。

那么，R 是否包含 R 本身呢？如果包含，R 本身就不属于 R；如果不包含，由规定公理可知，R 本身是存在的，那么 R 本身就应属于 R。这就出现了一个悖论。因为集合论的兼容性是集合论的基础，而集合论的基本概念又已渗透到数学的所有领域，所以，这一悖论的提出极大地振动了当时的数学界，动摇了数学的基础，造成了第三次"数学危机"。后来，罗素将这一悖论用一种较为通俗的方式表达了出来，即某城市的一个理发师挂出一块招牌："我只给城里所有那些不给自己刮脸的人刮脸。"

那么，理发师会不会给自己刮脸呢？如果他给自己刮脸，他就等于替"给自己刮脸的人"刮脸了，这就违背了自己的承诺；如果他不给自己刮脸，那他属于"不给自己刮脸的人"，因此它应该给自己刮脸。这就是"理发师悖论"，也叫"罗素悖论"，它与"集合论"悖论是等同的。

因为自我指称可能引发悖论，所以学术界出现的许多理论都是通过禁止自我指称来避免悖论的。不过，也有研究者认为，自我指称不是悖论产生的充分条件或必要条件，禁止自我指称并不能从根本上解决悖论问题。比如，美国逻辑学家、哲学家克里普克就认为"自我指称与悖论形成没有关系，经典解悖方案中不存在任何对自我指称的限制"。但究竟如何，似乎直到现在也没有定论。

第二，由引进"无限"引发的悖论，即通过在有限中引进无限而引发了悖论。比如，公元前 4 世纪，古希腊数学家芝诺提出了一个"阿基里斯悖论"，即阿基里斯追不上起步稍领先于他的乌龟。

这是因为，阿基里斯要想追上乌龟，就必须先到达乌龟的出发点，而这时乌龟已爬行了一段距离，阿基里斯只有先赶上这段距离才能追上乌龟；但当他跑完这段距离时，乌龟又向前爬行了……如此一来，身为奥林匹克冠军的阿基里斯只可能无限地接近乌龟，但却永远都追不上它。这就是由引进"无限"引发的悖论。再比如，《庄子·天下》中引用了战国时宋国人惠施的一句名言：一尺之棰，日取其半，万世不竭。

这就是说，一尺长的东西，今天取一半，第二天取第一天剩下的一半的一半，第三天再取第二天剩下的一半的一半……这样一直取下去，永远都不会终结。这与芝诺的"二分法"可谓有异曲同工之妙，即要到达某个地方，必须先经过全部距离的一半；在此之前，又必须要经过全部距离一半的一半……这样一直类推下去，也是无穷尽的。因此，你永远无法到达你要去的地方，甚至根本无法开始起行。

第三，由连锁引发的悖论，即通过一步一步进行的论证，最终由真推出假，得出的结论与常识相违背。"秃头"悖论就是其中之一：

如果一个人掉一根头发，不会成为秃头；掉两根头发也不会，掉三根、四根、五根也不会；那么，这样一直类推下去，即使头发掉光了也不会成为秃头。

这就引发了悖论。对于这一悖论，也有人这样描述：

只有一根头发的可以称为秃头，有两根的也可以，有三根、四根、五根也可以；那么，这样一直类推下去，头发再多也会是秃头了。

与"秃头"悖论相似的还有一个"一袋谷子落地没有响声"的悖论，即一粒谷子落地没有响声，两粒谷子落地也没有响声，那么，三粒、四粒、五粒……如此类推下去，一整袋谷子落地也没有响声。

第四，由片面推理引发的悖论，即根据一个原因推出多个结果，不管选择哪个结果都可以用其他结果来反驳。这种悖论更多地表现为诡辩。

《吕氏春秋》中有一段记载：

秦国和赵国订立了一条合约："自今以来，秦之所欲为，赵助之；赵之所欲为，秦助之。"居无几何，秦兴兵攻魏，赵欲救之。秦王不悦，使人让（责备）赵王曰："约曰：'秦之所欲为，赵助之；赵之所欲为，秦助之。'今秦欲攻魏，而赵因欲救之，此非约也。"赵王以告平原君，平原君以告公孙龙。公孙龙曰："可以发使而让秦王曰：'赵欲救之，今秦王独不助赵，此非约也。'"

在这里，公孙龙在对待秦赵之约时就使用了诡辩。同样一个条约，却引出了两个完全相反的结果，而且各自从自身角度出发都能自圆其说，这就是由片面推理引发的悖论。

此外，引发悖论的原因还有很多，比如由一个荒谬的假设引发的悖论：

如果 2+2=5，等式两边同时减去 2 得出 2=3，再同时减去 1 得出 1=2，两边互换得出 2=1；那么，罗素与教皇是两个人就等于罗素与教皇是 1 个人，所以"罗素就是教皇"。

由于 2+2=5 这个假设本就是错误的，因此即使推理过程再无懈可击，其结论也是荒谬的。

人们曾经一度把悖论看作一种诡辩，认为其只是文字游戏，没什么意义。但是，悖论的产生已经几千年了，几乎与科学史同步。这足可证明自悖论产生以来，人们就一直在对其进行探索与研究。18 世纪法国启蒙运动的杰出代表、哲学家孔多塞就曾说："希腊人滥用日常语言的各种弊端，玩弄字词的意义，以便在可悲的模棱两可之中困扰人类的精神。可是，这种诡辩却也赋予人类的精神一种精致性，同时它又耗尽了他们的力量来反对这虚幻的难题。"

随着现代数学、逻辑学、哲学、物理学、语言学等的发展，人们也越来越认识到悖论对于科学发展的推动作用。历史上的许多悖论都曾对逻辑学和数学的基础产生了强烈的冲击，比如"罗素悖论"就引发了第三次数学危机，而这些冲击又激发出人们更大的求知热情，并促使他们进行更为精密和创造性的思考。人们的这些努力也不断地丰富、完善和巩固着各学科的发展，使它们的理论更加严谨、完美。

同时，人们也一直在寻找解决悖论的方法，在这个过程中，人们提出了许多有意义的方案或理论。比如，罗素的分支类型法、策墨罗·弗兰克的公理化方法以及塔尔斯基的语言层次论等。这些方案或理论不仅对解决悖论有着积极作用，也给人们带来了全新的观念。

排中律

从前有个国王，最为倚重甲、乙两个大臣。但这两个大臣却因政见不合，经常互相攻击。后来，甲大臣诬告乙大臣谋反。国王半信半疑，便打算用抓阄的办法来处理这件事。他吩咐甲大臣准备两个"阄"给乙大臣，抓着"生"就放了他，抓着"死"就处死他。甲大臣偷偷地在"阄"上做了手脚，给乙大臣写了两个"死"阄。乙大臣猜到了甲大臣的用心，心生一计，抽到一个"阄"后马上把它吞进了肚里。国王无奈，只得拿出剩下的那个"阄"，打开一看原来是"死"。于是国王说："既然这个是'死'阄，你吞下那个必然是'生'阄了，这大概是上天的旨意吧。"乙大臣最终被无罪释放。

在这则故事中，国王就是利用排中律来判断乙大臣吞下的是"生"阄的。

排中律是指在同一思维过程中，互相否定的两个思想不能同假，其中必有一个为真。在这里，"互相否定的两个思想"是指互相矛盾或具有下反对关系的两个思想。这就是说，在同一思维过程中，不能对具有矛盾关系或下反对关系的两个思想同时否定，也不能不置可否或含糊其辞，必须肯定其中一个为真，以使思维过程有序、思维内容明确。这也是排中律对思维活动的基本要求。当然，这里的"同一思维过程"也是指同一时间、同一关系和同一对象。

如果用 A 表示任一概念或判断，用非 A 表示任一概念或判断的否定，那么排中律的逻辑形式就可以表示为：A 或者非 A。用符号表示即是：$A \lor \neg A$。这一形式就是说，在同一时间、同一关系的前提下，对指称同一对象的两个具有矛盾关系或下反对关系的思想不能同时否定，即"A"或"非 A"必有一真。这不仅是对概念的要求，也是对判断的要求。

根据逻辑方阵可知，在直言判断中，A 判断与 O 判断、E 判断与 I 判断具有矛盾关系，I 判断和 O 判断具有下反对关系；在模态判断中，$\Box P$ 与 $\Diamond \neg P$、$\Box \neg P$ 与 $\Diamond P$ 具有矛盾关系，$\Diamond P$ 与 $\Diamond \neg P$ 具有下反对关系。正判断与负判断具有矛盾关系。比如：

（1）有些垃圾是可以回收的；有些垃圾是不可以回收的。

（2）加菲猫说的话很有意思；并非加菲猫说的话很有意思。

（1）组的两个判断具有下反对关系，其中必有一个为真，不能同假；（2）组则是具有矛盾关系的正、负判断，也不能同假，其中必有一真。

排中律是逻辑的基本规律之一，违反了排中律，就会犯"两不可"或"不置可否"的逻辑错误。

所谓"两不可"，是在同一思维过程中，对具有矛盾关系或下反对关系的两个思想同时否定，即断定它们都为假而犯的逻辑错误。比如：

被告伤人既非故意也非过失，所以批评教育一下即可。

伤人要么是故意伤人，要么过失伤人，二者是互相矛盾的，其中必有一个为真。但这个判断却同时否定了这两种情况，犯了"两不可"的错误。再比如：

几个人在讨论世界上到底有没有上帝，甲说有，乙说没有。丙听了说道："我不同意甲，因为达尔文的进化论表明，人是由猿进化而来的，而不是上帝创造的，因此不存在上帝；我也不同意乙，因为世界上有那么多基督徒，既然他们都相信上帝，那上帝就应该是存在的。"

在这里，丙既否定了"世界上不存在上帝"，又否定了"世界上存在上帝"，而这两个判断在同一思维过程中是互相矛盾的，因而违反了排中律，犯了"两不可"的错误。

所谓"不置可否"，是在同一思维过程中，对具有矛盾关系或下反对关系的两个思想既不肯定，也不否定，而是含糊其辞，不作明确表态。这可以分为两种情况，一是为了某个目的而回避表态，故意含糊其辞。比如，鲁迅在他的杂文《立论》中讲了一个故事：

一户人家生了个男孩，满月时很多人去祝贺。你如果说这孩子将来肯定能升官发财，那么主人就会很高兴，但你也是在说谎；你如果说这孩子将来肯定会死，虽然没说谎，却可能会被主人揍一顿。你若既不想说谎，又不想挨打，可能就只能这么说："啊呀！这孩子呵！您瞧！那么……阿唷！哈哈！"

在这里，这种含糊不清的态度实际上就是犯了"不置可否"的错误。

还有一种情况是对两个互相否定的思想，用不置可否、含糊不清的语句去表达，不知道真正说的是什么意思，让人觉得模棱两可。比如："你认识他吗？""应该见过。"这个回答既可以理解为"认识"，也可以理解为"不认识"，表达含糊不清，所以犯了"不置可否"的错误。

需要指出的是，有时候因为对思维对象缺乏足够的认识，因而一时不能对其做出明确的判断，这不能视为违反排中律。在科学研究中尤其如此。比如，银河系内是否有适合人类生存的星球？对于这一问题还不能做出非常明确的回答，因为人们对银河系还没有完全了解。所以，对这一问题不置可否并不违反排中律。另外，如果是出于实际情况的考虑，不宜做出明确表态或判断的时候，对某些事给予模糊的断定也不违反排中律。比如：

法国革命家康斯坦丁·沃尔涅想要到美国各地游历，于是便去找美国第一任总统乔治·华盛顿，希望他能为自己提供一张适用于全美国的介绍信。华盛顿觉得开这样一封介绍信似乎很不妥，但却又不好直接拒绝他。思来想去，终于想出一个办法。他找来一张纸，写了这么一句话："康斯坦丁·沃尔涅不需要乔治·华盛顿的介绍信。"然后把它给了康斯坦丁·沃尔涅。

"康斯坦丁·沃尔涅不需要乔治·华盛顿的介绍信。"这句话可以理解为康斯坦丁·沃尔涅即使不需要华盛顿的介绍信也可以周游美国，也可以理解为康斯坦丁·沃尔涅不需要华盛顿开介绍信，因而这张纸条不作数。华盛顿其实是故意用一种含糊的态度来让自己摆脱两难境地，虽然在形式上也是"不置可否"，但毕竟是出于外交的实际情况的考虑，因此不算违反排中律。

排中律的"排中"是排除第三种情况，只在两种情况间做判断。如果实际上存在第三种情况，同时否定其中两种也不违反排中律。比如：

《韩非子》中有一则"东郭牙中门而立"的故事：

齐桓公将立管仲为仲父，令群臣曰："寡人将立管仲为仲父，善者（赞成者）入门而左（进门后往左走），不善者入门而右。"东郭牙中门而立（在屋门当中站着）。公曰："寡人立管仲为仲父，令曰：善者左，不善者右。今子何为中门而立？"牙曰："以管仲之智为能谋（谋取）天下乎？"公曰："能。""以断（果断）为敢行（管理、处理）大事乎？"公曰："敢。"牙曰："若智能谋天下，断敢行大事，君因属（托付）之以国柄（国家大权）焉；以管仲之能，乘（利用）公之势，以治齐国，得无危乎？"公曰："善。"乃令隰朋治内，管仲治外，以相参（互相牵制）。

这则故事中，东郭牙既没有站在左边，也没有站在右边；既没有明确表示赞同立管仲为仲父，也没有明确表示反对立管仲为仲父。"站在左边"与"站在右边"虽然互相矛盾，但还存在第三种情况，即"站在中间"；同样，"明确赞同"与"明确反对"虽然互相矛盾，但其中也存在第三种情况，即在某种程度上赞同或反对，或者说部分赞同或反对。因此，东郭牙同时否定"左边""右边"而选择"中门而立"并不违反排中律；同时否定"明确赞同""明确反对"而反问齐桓公，也不违反排中律。

此外，排中律只是规范人的思维活动的基本规律，它只规定同一思维过程中互相否定的两个思想不能同时为假，并不否定客观事物发展过程中客观存在的过渡阶段或中间状态。

排中律与矛盾律都是逻辑的基本规律之一，都是对人的思维活动的规范，都是在同一思维过程中对互相否定的两个思想做判断。这是其相同之处，其区别主要在于：

排中律是指同一思维过程中互相否定的两个思想不能同时为假，其中必有一真；矛盾律是指同一思维过程中互相否定的两个思想不能同时为真，其中必有一假。这是其基本内容的不同。

排中律的基本内容决定了它可以由假推真，同时保证思维过程的明确性，避免思维内容的模糊不清；矛盾律的基本内容则决定了它可以由真推假，同时保证思维过程的前后一贯性，避免思维活动出现逻辑矛盾。这是其主要作用的不同。

排中律适用于同一思维过程中具有矛盾关系或下反对关系的两个概念或判断，而矛盾律适用于同一思维过程中具有矛盾关系或反对关系的两个概念或判断。这是其适用范围的不同。

违反排中律就会犯"两不可"或"不置可否"的逻辑错误，违反矛盾律则会犯"自相矛盾"的逻辑错误。这表示违反排中律和矛盾律造成的逻辑错误也是不同的。

理解了排中律和矛盾律的不同，才能根据其各自的基本内容来判断思维过程中是否存在逻辑错误，并根据其各自的基本要求来规范各种思维活动，正确表达自己的观点并有效地揭露、反驳错误的认识。

复杂问语

据说，古希腊有一个著名的提问：你还打你的父亲吗？

对于这个问题，如果做否定回答，就表示你现在不打你的父亲了，但以前打过；如果做肯定回答，就表示你不但以前打你的父亲，现在还打。也就是说，不管你是做肯定回答还是否定回答，都要承认你打过你父亲。

类似这样的问语叫作复杂问语。所谓复杂问语，就是指在问语中含有一个对方不具有或不能接受的预设前提或假定，不管答话人是做肯定回答还是否定回答，都表示其承认了这一预设前提或假定。比如，"你还打你的父亲吗？"这一复杂问语中就含有"你打过你父亲"这一假定，不管你是做肯定回答还是否定回答，结果都等于你承认了这一假定。再比如：

（1）你还抽烟吗？

（2）你是不是还是每天都打网络游戏？

（3）你的作业是不是又没有写完？

问语（1）中，不管是做肯定回答还是否定回答，都等于承认"我抽烟"这一假定；问语（2）中，不管是做肯定回答还是否定回答，都等于承认"我每天都打网络游戏"这一假定；问语（3）中，不管是做肯定回答还是否定回答，都等于承认"我经常完不成作业"这一假定。所以，这三句都属于复杂问语。

日常生活中，我们经常会遇到一些复杂问语，尤其是在回答脑筋急转弯时，人们经常会陷入提问者事先设计好的陷阱里。比如：

在一个炎热的夏天，一群狗进行了一场激烈的赛跑，请问：取得第一名和最后一名的两条狗哪一条出的汗多一些？

在这个脑筋急转弯中，有一个假定，即"狗是出汗的"，你不管是回答"第一名"还是"最后一名"，都会承认这个假定，陷入出题者的陷阱中。因为狗根本没有汗腺，是不会出汗的。

在刑事侦查过程中，有时出于破案需要，刑侦人员也可能会通过复杂问语来使犯罪嫌疑人吐露实情。比如，"犯罪现场的新旧两把钥匙中，哪把是你的？"不管犯罪嫌疑人是回答"新的"还是"旧的"，都得承认"我到过犯罪现场"这一预设前提。刑侦人员就可以此为突破口，对其进行进一步调查。

在法庭审判中，有时法官或律师也会使用复杂问语对被告提问，让其进行肯定或否定的回答，以此让他们承认这些问语中隐含的假定。比如：

秘鲁小说《金鱼》中有这样一个情节：

霍苏埃是瓜达卢佩船的一名渔工，因为不愿和船长拉巴杜做违法的走私生意，两人发生了搏斗。搏斗中，拉巴杜失足落水，为鲨鱼所吞食。拉巴杜之妻告霍苏埃谋杀，法官在审判霍苏埃时就连续使用复杂问语，意图诱使霍苏埃承认自己谋杀。

（1）你对被害人拉巴杜，是否早就怀恨在心？

（2）你对拉巴杜不是早就怀恨在心的，是不是？

（3）你的意思是说，你对其他任何人都不怀恨在心，而拉巴杜是你的老雇主，你对他可能早就怀恨在心了。请被告人明确回答"是"还是"不是"，"有"还是"没有"？

复杂问语（1）中隐含着"拉巴杜是被害人"的假定；（2）中隐含着"你对拉巴杜先生是后来怀恨在心的"的假定。对于（3），因为霍苏埃说"我对任何人都不存在怀恨在心"，法官便故意曲解霍苏埃的话，将拉巴杜排除在"任何人"之外，其中实际隐含着"你对拉巴杜确已怀恨在心"的假定。对于这三个复杂问语，不管霍苏埃是做肯定回答还是否定回答，都等于承认其中隐含的假定。

但是，在刑侦过程中，尤其是法庭审判时，使用复杂问语难免会有"套供"之嫌，这是不允许的。《金鱼》中的法官接二连三地使用复杂问语，也是为了诬陷霍苏埃，并不符合审判规则。

此外，如果正确、适时、巧妙地运用复杂问语，不但可以在辩论时给对方设置陷阱，使其做出有利于己方的回答，而且在处理某些问题时也可能会有着意想不到的帮助。年轻时的乔治·华盛顿就曾用这种方法找回了丢失的马。

一天，华盛顿家的马丢了。在警察的帮助下，他们很快便发现了偷马的人。但偷马人却坚称这匹马是他自己的，双方一时僵持不下。这时，华盛顿突然用双手捂住马的眼睛说："既然这匹马是你的，那么你告诉大家，这匹马的哪只眼睛是瞎的。"偷马人犹豫不决道："右眼。"华盛顿移开右手，但见马的右眼炯炯有神。偷马人急忙辩解道："我的意思是左眼，刚才说错了。"华盛顿慢慢移开左手，马的左眼同样完好无缺。偷马人还想狡辩，但警察打断了他：

"如果这真是你的马，你怎么会不知道马的眼睛根本没有瞎呢？看来你得跟我走一趟了。"

在这里，"这匹马的哪只眼睛是瞎的"这一问语中，隐含着"马一定有一只眼睛瞎了"的假定，不管偷马人回答哪只眼，都等于承认这一假定。而实际上，马的眼睛并没有瞎，由此可知这匹马肯定不是偷马人自己的。华盛顿就是通过巧妙运用复杂问语揭破偷马人的谎言的。

《遥远的救世主》一书中，正天集团的老总裁去世后，提名韩楚风为总裁候选人。但按公司章程规定，新总裁应该在两个副总裁中产生。韩楚风对该不该去争总裁的位置难以决定，便请教他的朋友丁元英。丁元英说："那件事不是我能多嘴的。"韩楚风笑道："恕你无罪。"丁元英答道："一个'恕'字，我已有罪了。"

我们经常听到有人说"恕你无罪"，其实它其中也隐含着"你是有罪的"这样一个假定。既然无罪，又何须"恕"？既然要"恕"，就等于已经先认定"你"有罪了。丁元英的回答，就是指出了这句话中隐含的假定。虽然这不是复杂问语，但却有着复杂问语的某些特征，而丁元英的回答也给我们提供了应对复杂问语的某些方法。

排中律要求在同一思维过程中，对两个互相矛盾的概念或判断不能同时否定，必须肯定其中一个为真。但复杂问语却是同时否定了"是"和"不是"两种可能，即断定其都为假，看上去似乎与排中律的要求相悖。但实际上它并没有违反排中律。因为复杂问语中隐含着一个假定，而这个假定又是人们不具有或不能接受的，也可以认为是错误的。所以，排中律并不要求对隐含错误假定的复杂问语盲目地做出明确应答。相反，为了避免陷入复杂问语的圈套，我们还可以采取下面几种方法来应对。

第一，揭示性回答，即在对方提出复杂问语后，揭示出其中隐含的错误假定，从而打破对方设下的圈套。比如，《金鱼》中的霍苏埃在回答复杂问语（1）时，就指出"拉巴杜不是被害人，因为这不是一起犯罪行为"；回答复杂问语（2）时，则指出"我对任何人都不存在怀恨在心"。再比如：古龙的小说《流星蝴蝶剑》中，孟星魂化名秦护花的远房侄子秦中亭刺杀孙玉伯，在审查他的身份时，孙玉伯的朋友陆漫天问孟星魂："你叔叔秦护花的哮喘病好了没有？"孟星魂答道："他根本没有哮喘病。"在这里，孟星魂也是通过采用揭示性回答指出了陆漫天问话中隐含的错误假定。

第二，反问式回答，即在对方提出复杂问语后，立即对其进行反问，让对方因措手不及而自乱阵脚。比如，如果有人用"你还抽烟吗"或"你什么时候戒烟了"询问从不抽烟的你，你就可以立即反问："谁说我抽烟啊？"

第三，答非所问式回答，既不揭示对方的问语中的错误假定，也不对其进行反问，而是用完全不相干的回答来应付。这样不但可以化解自己的窘境，也不会让对方太尴尬。比如，有一天叔叔问小林"你的作业是不是又没有写完"，小林就答道："叔叔，今天我们学了一首诗，我背给您听吧……"这样一来，就把"作业"的问题转换为"背诗"的问题，不但可以摆脱这个于己不利的问题，还可以趁机表现一下。

总之，复杂问语不同于一般的问语，有着自身的形态、特征和运用方式。而且，因为它在刑侦、询问等领域的特殊作用，也越来越受到人们更为广泛的关注和研究。

充足理由律

一个刻薄的老板在给员工开会时说："每年有52周，52乘以2等于104天；清明节、劳动节、端午节、中秋节、元旦各3天假期，共 15 天；春节、国庆节各 7 天假期，共 14 天；一年有 365 天，一天有 24 小时，每天你们花 8 小时睡觉，365 乘以 8 除以 24 约等于 121 天；每天你们要花 3 个小时吃饭，365 乘以 3 除以 24 约等于 45 天；每天上下班的路上再花 2 个小时，365 乘以 2 除以 24 约等于 30 天。这样，你们这一年要花 104 天过周末，29 天过假期，121 天睡觉，45 天吃饭，30 天时间坐公交，这一共是 329 天；这样你们只有 36 天的时间上班。如果再除去病假、事假等 6 天，只剩下 30 天。同志们，一年 365 天你们只上班 30 天，还要迟到、早退、怠工，你们对得起我给你们的薪水吗？"

这个老板的计算过程看上去合情合理，但其得出的结论却与实际情况截然相悖。之所以出现这种情况，是因为他违反了逻辑基本规律中的充足理由律，用虚假的前提推出了一个错误的结论。

充足理由律是指在同一思维过程中，任何一个思想被断定为真，必须具有真实的充足理由，且理由与结论要具有必然的逻辑关系。

如果我们用 A 表示一个被断定为真的思想，用 B 表示用来证明 A 为真的理由，充足理由律的逻辑形式就可以表示为：

A 真，因为 B 真且 B 能推出 A。

其中，结论 A 叫作推断或论题，B 叫作理由或论据，可以是一个，也可以是多个。这个逻辑形式可以描述为：在同一思维或论证过程中，一个思想 A 之所以能被断定为真，是因为存在着一个或多个真实的理由 B，并且从 B 真必然可以推出 A 真。比如：

《左传》中描写春秋初期齐鲁之间的"长勺之战"时，有这么一段记载：

（齐鲁）战于长勺。公（鲁庄公）将鼓之。刿（曹刿）曰："未可。"齐人三鼓。刿曰："可矣。"齐师败绩。公将驰（追赶）之。

刿曰:"未可。"下视其辙,登轼而望之,曰:"可矣。"遂逐齐师。

　　既克,公问其故。对曰:"夫战,勇气也。一鼓作气,再而衰,三而竭。彼竭我盈,故克之;夫大国,难测也,惧有伏焉。吾视其辙乱,望其旗靡,故逐之。"

　　在这里,曹刿向鲁庄公解释鲁国战胜的原因时运用了充足理由律:

　　理由一:士气上"彼竭我盈"。齐军第一次击鼓时士气高涨,所以要避其锋芒;第二次击鼓时其士气已开始衰落,所以要继续等待;第三次击鼓时其士气已经完全低落,而此时我军却士气高涨,所以能战胜他们。

　　理由二:判断正确,乘胜追击。在击败齐军后,没有盲目追击,而是对其车辙、军旗进行观察,确定没有埋伏时再乘胜追击,所以能战胜他们。

　　这两条理由是充分的,也是真实的,所以能得出一个真实的推断,即"克之"。

　　通过以上分析,我们可以得出充足理由律的三个基本逻辑要求:

　　第一,有充足的理由。没有理由或理由不充分时,都无法进行思维或论证。

　　第二,理由必须真实。即使有了充足的理由,如果这些理由不真实或不完全真实,就不能推出真实的结论。

　　第三,理由和推断之间有必然的逻辑联系。在有充足的理由且理由为真后,还要保证这些理由与推断存在必然的逻辑关系,也就是由这些理由能必然地得出真实的推断。

　　其实,所谓"充足的理由"就是指这些理由是所得推断的充分条件。如果把思维或论证过程看作一个假言判断,那么这些理由就是假言判断的前件，推断就是假言判断的后件。只有作为前件的理由是充足理由时，才能必然推出后件。换言之，如果以论据和论题作为前、后件的这一充分条件假言判断能够成立，那么论据就是论题的充足理由。

违反充足理由律的逻辑错误

我们经常说某人"信口开河""捕风捉影""听风就是雨"，其实就是说他违反了充足理由律，只根据片面或错误的理由就得出推断。通常来讲，违反充足理由律导致的逻辑错误包括"理由缺失""理由虚假"和"推不出"三种。

所谓"理由不足"就是指其在同一思维过程中，在没有理由为根据的情况下凭空得出推断，或者只给出推断，却不给出充足的理由来证明这个推断而犯的逻辑错误，也叫作"有论无据"，即只有论题，没有论据。比如：

从前，一个外国人到中国游历，回国时带回去几大包茶叶。他对妻子说："闲暇时品一品中国的茶，真是一种最美妙的享受啊！"他的妻子便烧了一大锅开水，然后把一大包茶叶倒了进去。几分钟后，她把茶叶水倒掉，将茶叶盛在两个杯子里端给丈夫，说："我们来品茶吧！"

在这则故事中，这个外国人就是犯了"理由不足"的逻辑错误，他只告诉了妻子一个推断，即"品中国的茶是种享受"，但并没有给出理由，即怎么泡茶、怎么品茶、为什么是享受等，结果闹出了笑话。

所谓"理由虚假"就是指在同一思维过程中，以主观臆造的理由或错误的理由为根据得出推断而犯的逻辑错误。比如：

一个人去演讲，一登上讲台就问台下的听众："大家知道今天我要讲什么吗？"台下齐声道："知道！"这人就说道："既然你们都知道，那我就不讲了。"说完就要下台，台下的听众一看，马上又喊道："不知道！"这人叹口气说："如果你们什么都不知道，那我还讲什么呢？"说完又要离开。这时听众学乖了，一半人喊"不知道"，一半人喊"知道"。这人看了看台下，笑道："很好，那么，现在就请这一半知道的人讲给那一半不知道的人听吧。"说完就走下了讲台。

在这则故事中，这个演讲的人连续三次犯了"理由虚假"的错误：（1）只根据听众说"知道"就断定他们完全懂得自己要讲什么；（2）只根据听众说"不知道"就断定他们完全不懂得自己要讲什么；（3）只根据听众一半说"知道"一半说"不知道"就断定"知道"的一半可以讲给"不知道"的那一半人听。这三个推理的理由显然都是他主观臆造出来的虚假理由，因而必然得出错误的结论。

所谓"推不出"是指在同一思维过程中，理由虽然是真实的，但因其与推断之间没有必然的逻辑关系，因而不能必然得出推断为真。"推不出"也叫"不相干论证"。

充足理由律可以保证人们思维过程的论证性，从而增强推理的有效性和论辩的说服力。比如，科学家在进行科学研究、提出科学理论时要有充足的事实作为依据，医生在查找病因时要观察病人的病情，警察在确定罪犯时要有确凿的证据，军事指挥员下命令时要对敌情做详细分析，表达或反驳某一观点时要有充分的依据，进行辩论或说服他人时要有足够的理由，以及日常生活中我们说的"以理服人""言之成理、持之有据"等都是充足理由律在实际运用中的体现。

此外，遵循充足理由律有利于证明比较复杂的思维或论证过程。人们在对某个思想进行思维或论证时，其过程是极其复杂的。在主观条件上可能涉及个人的生活经历、教育背景、知识水平以及世界观、人生观、价值观等；在客观条件上则可能涉及政治和历史原因、科技水平、经济状况等；在思维或论证手段上则可能涉及概念、判断、推理等各种形式。其中任何一个方面的缺失或不真实都可能造成思维或论证结果的错误。只有遵循充足理由律，把各种情况都考虑进去，运用充足、真实的理由，才能得出真实的结论。

作为逻辑的基本规律之一，充足理由律与同一律、矛盾律、排中律相互区别又相互联系。其区别在于，每条规律都是从不同的角度来规范同一思维过程的，各有各的特点。同一律、矛盾律、排中律本质上都是对同一思维过程中思维确定性的反映，而充足理由律则是对同一思维过程中思维论证性的反映。而且，违反了不同的逻辑规律也会导致不同的逻辑错误。

其联系在于，不管反映的是思维的确定性还是论证性，都是对人们的思维活动的规范。只有遵循这些规律，才能避免逻辑错误，得出真实有效的结论。

此外，只有先保证了思维的确定性，才能对其进行有效论证。比如，如果基本的概念、判断尚不确定，那么就不能确定概念与概念、判断与判断以及概念与判断间的关系，更无法用它们进行有效推理。所以，保证思维确定性的同一律、矛盾律、排中律是充足理由律的基础，或者说遵循同一律、矛盾律、排中律是遵循充足理由律的必要条件。同时，如果保证了思维的确定性，却不能保证论证过程的可靠性，也不能进行有效推理。换言之，思维的论证性是对思维确定性的深化和补充。所以，满足了同一律、矛盾律、排中律之后，还必须用充足理由律来对思维或论证过程进行规范，这样才能保证所得结论的必然性。如果说同一律、矛盾律、排中律是道路，那么充足理由律就是指南针。前者为前进开辟了道路，后者却最终保证着人们顺着正确的方向前进。所以，在进行思维或论证的时候，必须遵循这四条基本规律，缺一不可。

第三章
逻辑思维——透过现象看本质

透过现象看本质

逻辑思维又称抽象思维，是人们在认识过程中借助于概念、判断、推理反映现实的一种思维方法。在逻辑思维中，要用到概念、判断、推理等思维形式和比较、分析、综合、抽象、概括等方法。它的主要表现形式为演绎推理、回溯推理与辍合显同法。运用逻辑思维，可以帮助我们透过现象看本质。

有这样一则故事，从中我们可以体会到运用逻辑思维的力量。

美国有一位工程师和一位逻辑学家是无话不谈的好友。一次，两人相约赴埃及参观著名的金字塔。到埃及后，有一天，逻辑学家住进宾馆，仍然照常写自己的旅行日记，而工程师则独自徜徉在街头，忽然耳边传来一位老妇人的叫卖声："卖猫啦，卖猫啦！"

工程师一看，在老妇人身旁放着一只黑色的玩具猫，标价500美元。这位妇人解释说，这只玩具猫是祖传宝物，因孙子病重，不得已才出售，以换取治疗费。工程师用手一举猫，发现猫身很重，看起来似乎是用黑铁铸就的。不过，那一对猫眼则是珍珠镶的。

于是，工程师就对那位老妇人说："我给你300美元，只买下两只猫眼吧。"

老妇人一算，觉得行，就同意了。工程师高高兴兴地回到了宾馆，对逻辑学家说："我只花了300美元竟然买下两颗硕大的珍珠。"

逻辑学家一看这两颗大珍珠，少说也值上千美元，忙问朋友是怎么一回事。当工程师讲完缘由，逻辑学家忙问："那位妇人是否还在原处？"

工程师回答说："她还坐在那里，想卖掉那只没有眼珠的黑铁猫。"

逻辑学家听后，忙跑到街上，给了老妇人200美元，把猫买了回来。

工程师见后，嘲笑道："你呀，花200美元买个没眼珠的黑铁猫。"

逻辑学家却不声不响地坐下来摆弄这只铁猫。突然，他灵机一动，用小刀刮铁猫的脚，当黑漆脱落后，露出的是黄灿灿的一道金色印迹。他高兴地大叫起来："正如我所想，这猫是纯金的。"

原来，当年铸造这只金猫的主人，怕金身暴露，便将猫身用黑漆漆过，俨然一只铁猫。对此，工程师十分后悔。此时，逻辑学家转过来嘲笑他说："你虽然知识很渊博，可就是缺乏一种思维的艺术，分析和判断事情不全面、不深入。你应该好好想一想，猫的眼珠既然是珍珠做成，那猫的全身会是不值钱的黑铁所铸吗？"

猫的眼珠是珍珠做成的，那么猫身就很有可能是更贵重的材料制成的。这就是逻辑思维的运用。故事中的逻辑学家巧妙地抓住了猫眼与猫身之间存在的内在逻辑性，得到了比工程师更高的收益。

我们知道，事物之间都是有联系的，而寻求这种内在的联系，以达到透过现象看本质的目的，则需要缜密的逻辑思维来帮助。

有时，事物的真相像隐匿于汪洋之下的冰山，我们看到的只是冰山的一角。善于运用逻辑思维的人能做到察于"青萍之末"，抓住线索"顺藤摸瓜"探寻到海平面下面的冰山全貌。

由已知推及未知的演绎推理法

伽利略的"比萨斜塔试验"使人们认识了自由落体定律，从此推翻了亚里士多德关于物体自由落体运动的速度与其质量成正比的论断。实际上，促成这个试验的是伽利略的逻辑思维能力。在实验之前，他做了一番仔细的思考。

他认为：假设物体 A 比 B 重得多，如果亚里士多德的论断是正确的话，A 就应该比 B 先落地。现在把 A 与 B 捆在一起成为物体 A+B。一方面因 A+B 比 A 重，它应比 A 先落地；另一方面，由于 A 比 B 落得快，B 会拖 A 的"后腿"，因而大大减慢 A 的下落速度，所以 A+B 又应比 A 后落地。这样便得到了互相矛盾的结论：A+B 既应比 A 先落地，又应比 A 后落地。

两千年来的错误论断竟被如此简单的推理所揭露，伽利略运用的思维方式便是演绎推理法。

所谓的演绎推理法就是从若干已知命题出发，按照命题之间的必然逻辑联系，推导出新命题的思维方法。演绎推理法既可作为探求新知识的工具，使人们能从已有的认识推出新的认识，又可作为论证的手段，使人们能借以证明某个命题或反驳某个命题。

演绎推理法是一种解决问题的实用方法，我们可以通过演绎推理找出问题的根源，并提出可行的解决方案。

下面就是一个运用演绎推理的典型例子：

有一个工厂的存煤发生自燃，引起火灾。厂方请专家帮助设计防火方案。

专家首先要解决的问题是：一堆煤自动地燃烧起来是怎么回事？通过查找资料，可以知道，煤是由地质时期的植物埋在地下，受细菌作用而形成泥炭，再在水分减少、压力增大和温度升高的情况下逐渐形成的。也就是说，煤是由有机物组成的。而且，燃烧要有温度和氧气，是煤慢慢氧化积累热量，温度升高，温度达到一定限度时就会自燃。那么，预防的方法就可以从产生自燃的因果关系出发来考虑了。最后，专家给出了具体的解决措施，有效地解决了存煤自燃的问题：

（1）煤炭应分开储存，每堆不宜过大。

（2）严格区分煤种存放，根据不同产地、煤种，分别采取措施。

（3）清除煤堆中诸如草包、草席、油棉纱等杂物。

（4）压实煤堆，在煤堆中部设置通风洞，防止温度升高。

（5）加强对煤堆温度的检查。

（6）堆放时间不宜过长。

对这个问题我们可从两方面进行思考：一是从原因到结果；二是从结果到原因。无论哪种思路，运用的都是演绎推理法。

通过演绎推理推出的结论，是一种必然无误的断定，因为它的结论所断定的事物情况，并没有超出前提所提供的知识范围。

下面是一则趣味数学故事，通过它我们可以看到演绎推理的这一特点。

维纳是20世纪最伟大的数学家之一，他是信息论的先驱，也是控制论的奠基者。3岁就能读写，7岁就能阅读和理解但丁和达尔文的著作，14岁大学毕业，18岁获得哈佛大学的科学博士学位。

在授予学位的仪式上，只见他一脸稚气，人们不知道他的年龄，于是有人好奇地问道："请问先生，今年贵庚？"

维纳十分有趣地回答道："我今年的岁数的立方是个4位数，它的4次方是6位数，如果把两组数字合起来，正好包含0123456789共10个数字，而且不重不漏。"

言之既出，四座皆惊，大家都被这个趣味的回答吸引住了。"他的年龄到底有多大？"一时，这个问题成了会场上人们议论的中心。

这是一个有趣的问题，虽然得出结论并不困难，但是既需要一些数学"灵感"，又需要掌握演绎思维推理的方法。为此，我们可以假定维纳的年龄是从 17 岁到 22 岁之间，再运用演绎推理方法，看是否符合前提？

请看：17 的 4 次方是 83521，是个五位数，而不是六位数，所以小于 17 的数作底数肯定也不符合前提条件。

这样一来，维纳的年龄只能从 18、19、20 和 21 这 4 个数中去寻找。现将这 4 个数的 4 次方的乘积列出于后：104976，130321，160000 和 194481。在以上的乘积中，虽然都符合六位数的条件，但在 19、20、21 的 4 次方的乘积中，都出现了数码的重复现象，所以也不符合前提条件。剩下的唯一数字是 18，让我们验证一下，看它是否符合维纳提出的条件。

18 的三次方是 5832（符合 4 位数），18 的 4 次方是 104976（六位数）。在以上的两组数码中不仅没有重复现象，而且恰好包括了从 0 到 9 的 10 个数字。因此，维纳获得博士学位的时候是 18 岁。

从以上的介绍来看，无论是关于煤发生自燃的原因的推理，还是科学发现和发明的诞生，都说明演绎推理是一种行之有效的思维方法。因此，我们应该学习、掌握它，并正确地运用它。

由"果"推"因"的回溯推理法

回溯推理法，顾名思义，就是从事物的"果"推到事物的"因"的一种方法。这种方法最主要的特征就是因果性，在通常情况下，由事物变化的原因可知其结果；在相反的情况下，知道了事物变化的结果，又可以推断导致结果的原因。因此事物的因果是相互依存的。

在英国曾经发生过这样一个案例：

英国布雷德福刑事调查科接到一位医生打来的电话说，大概在11点半左右，有一名叫伊丽莎白·巴劳的妇女在澡盆里因虚脱而死去了。

当警察来到现场时，洗澡水已经放掉了，伊丽莎白·巴劳在空澡盆里向内侧躺着，身上各处都没有受过暴力袭击的迹象。警察发现，死者瞳孔扩散得很大。据她丈夫说，当他妻子在浴室洗澡时，他睡过去了，当他醒来来到浴室，便发现他的妻子已倒在浴盆里不省人事。此外，警察还在厨房的角落里找到了两支皮下注射器，其中一支还留有药液。据他所称这是他为自己注射药物所用。

在警察发现的细微环节和死者丈夫的口述中，警察通过回溯推理法很快找到了疑点和线索。

死者的瞳孔异常扩大；既然死者瞳孔扩大，很可能是因为被注射了某种麻醉品；又因为死者是因低血糖虚脱而死亡，则很可能是被注射过量胰岛素。经过法医的检验，在尸体中确实发现细小的针眼及被注射的残留胰岛素，因此可以断定死者死前被注射过量胰岛素。又通过对死者丈夫的检验得知，他并没有发生感染及病变，即没有注射药剂的必要，因此，死亡很可能是被其丈夫注射过量胰岛素所致。因此警察便将死因和她丈夫联系在一起，通过勘验取得其他证据，并最终破案。

回溯推理法在地质考察与考古发掘方面占有重要的地位。例如，根据对陨石的测定，用回溯推理的方法推知银河系的年龄大概为140亿~170多亿年；又根据对地球上最古老岩石的测定，推知地球大概有 46 亿年的历史了。

在科学领域，这一方法也常被用作新事物的发明和发现。

自 20 世纪 80 年代中期以来，科学家们发现臭氧层在地球范围内有所减少，并在南极洲上空出现了大量的臭氧层空洞。此时，人们才开始领悟到人类的生存正遭受到来自太阳强紫外线辐射的威胁。大气平流层中臭氧的减少，这是科学观察的结果。那么引起这种结果的原因是什么呢？于是科学家们运用了回溯推理的思维方法，开展了由"果"索"因"的推理工作。其实，1974 年化学家罗兰就认为氟氯烃将不会在大气层底层很快分解，而在平流层中氟氯烃分解臭氧分子的速度远远快于臭氧的生成过程，造成了臭氧的损耗。这就是说，氟氯烃是使大气中臭氧减少的罪魁祸首，是出现臭氧空洞的直接原因。

由"果"推"因"的回溯推理法在侦查案件上经常被用到。因为勘查现场的情况就是"果"，由此推测出作案的动机和细节，为顺利地侦破案件创造条件。

回溯推理思维方法既然是一种科学的思维方法，那么就可以通过学习来进行培养，当然就可以通过某些方式来进行自我的训练。例如，多读一些侦探小说、武侠小说，就有利于回溯推理思维能力提高。英国著名作家阿瑟·柯南·道尔著的《福尔摩斯探案全集》，就是一部十分精彩的侦探小说，可以说是一部回溯推理的好教材，不妨认真一读。该书的结构严谨，情节跌宕起伏，人物形象鲜明，逻辑性强，故事合情合理。阅读以后，人们不禁要问：福尔摩斯如何能够出奇制胜呢？原因就在于他掌握了回溯推理这个行之有效的思维方法。其他的影视作品还包括《名侦探柯南》《金田一》等，在休闲之余，这些作品能帮助我们进行回溯推理思维能力的训练。

"不完全归纳"的辏合显同法

"辏"，原是指车轮辐集于毂上，后引申为聚集。"辏合显同"就是把所感知到的有限数量的对象依据一定的标准"聚合"起来，寻找它们共同的规律，以推导出最终的结论。这是逻辑思维的一种运用。从最基本的意义上来讲，虽然"辏合显同"基于对事物特性的"不完全归纳"，带有想象的成分，但它本身也是一种富有创造性的思维活动，因为它把诸多对象聚合起来，所"显示"出来的是一种抽象化的特征，在很多情况下，往往是一种新的特征。

"辏合显同"在科学研究中也是相当有用的。

1742 年，德国数学家哥德巴赫写信给当时著名的数学家欧拉，提出了两个猜想。其一，任何一个大于 2 的偶数，均是两个素数之和；其二，任何一个大于 5 的奇数，均是三个素数之和。这便是著名的哥德巴赫猜想。

从猜想形成的思维过程来看，主要是"辏合显同"的逻辑作用。我们以第一个猜想为例，"辏合显同"的步骤可表述为下面的过程：

4=1+3（两素数之和）

6=3+3（两素数之和）

8=3+5（两素数之和）

10=5+5（两素数之和）

12=5+7（两素数之和）

这样，通过对很多偶数分解，"两素数之和"这个共性就显示出来了。

学习辏合显同法，我们可以通过下面几个方法来训练。

1. 浏览法

这种技巧要求我们在辏合时，应将对象一个接着一个地分析。分析进行到一定时候，就会产生有关辏合对象共同特征的假设。接下去的"浏览"（分析）则是为了证实。证实之后，"显同"就实现了。例如，我们面前有一大堆卡片，每一张卡片都有三种属性：

①颜色（黄、绿、红）。

②形状（圆、角、方块）。

③边数（一条边、三条边、四条边）。

我们可先一张一张看过去，然后形成一个大致的思想：这些卡片的共同点在于都只有三条边，继而再往下分析，看一看这一设想是不是正确。不正确，推倒重来；正确，就确定了"共性"。

2. 定义法

这种方法通常是用来概括认识对象的。给对象下定义，就包括对象的形态、对象的运动过程、对象的功能，通过这样一番概括，我们就能找到事物的共性，也就锻炼了自己的辐辏思维能力。例如，我们经常在公共场所看到雕像，它是一种艺术，称为雕塑艺术。事实上我们看到的是各种不同的雕像，那么，如何能认识到它的本质呢？这就涉及我们对雕塑艺术的"定义"了。一般来说，"雕塑"可定义为：雕塑是一种造型艺术，它通过塑造形象、有立体感的空间形式以及这个种类的艺术作品本身来反映现实，具有优美动人、紧凑有力、比例匀称、轮廓清晰的特点。因此，对事物的定义过程，本身就是一种"辏合显同"过程，我们应该时常主动地、自觉地对一些事物进行定义尝试，通过这种技巧来提高自己的思维能力。

3. 剩余法

这是一种间接的"辏合"方法。它的基本原理是：如果某一复合现象是由另一复合原因所引起的，那么，把其中确认有因果联系的部分减去，则剩下的部分也必然有因果联系。

天文学史上就曾用这种方法发现了新行星。1846 年前，一些天文学家在观察天王星的运行轨道时，发现它的运行轨道和按照已知行星的引力计算出来的它应运行的轨道不同——发生了几个方面的偏离。经过观察分析，知道其他几方面的偏离是由已知的其他几颗行星的引力所引起的，而另一方面的偏离则原因不明。这时天文学家就考虑到：既然天王星运行轨道的各种偏离是由相关行星的引力所引起的，现在又知其中的几方面偏离是由另几颗行星的引力所引起的，那么，剩下的一处偏离必然是由另一个未知的行星的引力所引起的。后来有些天文学家和数学家据此推算出了这个未知行星的位置。1846 年按照这个推算的位置进行观察，果然发现了一颗新的行星——海王星。

顺藤摸瓜揭示事实真相

华生医生初次见到福尔摩斯时，对方开口就说："我看得出，你到过阿富汗。"

华生感到非常惊讶。后来，当他想起此事的时候，对福尔摩斯说道："我想一定有人告诉过你。"

"没有那回事。"福尔摩斯解释道，"我当时一看就知道你是从阿富汗来的。"

"何以见得？"华生问道。

"在你这件事上，我的推理过程是这样的：你具有医生工作者的风度，但却是一副军人的气概。那么，显而易见你是个军医。

你脸色黝黑，但是从你手腕黑白分明的皮肤来看，这并不是你原来的肤色，那么你一定刚从热带回来。

你面容憔悴，这就清楚地说明你是久病初愈而又历尽艰苦的人。

你左臂受过伤，现在看起来动作还有些僵硬不便。试问，一个英国的军医，在热带地区历尽艰苦，并且臂部受过伤，这能在什么地方呢？自然只有在阿富汗。"

"所以我当时脱口说出你是从阿富汗来的，你还感到惊奇哩！"

这就是福尔摩斯卓绝的逻辑推理能力，从华生医生外在所显露的种种蛛丝马迹，顺藤摸瓜地推论出看似不可思议的答案。

生活中很多事情的解析其实都有赖于一种分析和推理。正确的逻辑思考，可以帮助人们解决很多问题。下面故事中的石狮子，就是通过这样的思考才重见天日的。

从前，在河北沧州城南，有一座靠近河岸的寺庙。有一年运河发大水，寺庙的山门经不住洪水的冲刷而倒塌，一对大石狮子也跟着滚到河里去了。

过了十几年，寺庙的和尚想重修山门，他们召集了许多人，要把那一对石狮子打捞上来。

可是，河水终日奔流不息，隔了这么长时间，到哪里去找呢？

一开始，人们在山门附近的河水里打捞，没有找到。于是大家推测，准是让河水冲到下游去了。于是，众人驾着小船往下游打捞，寻了十几里路，仍没有找到石狮子的踪影。

寺中的教书先生听说了此事后，对打捞的人说："你们真是不明事理，石狮子又不是碎片儿木头，怎会被冲到下游？石狮子坚固沉重，陷入泥沙中只会越沉越深，你们到下游去找，岂不是白费工夫？"

众人听了，都觉有理，准备动手在山门倒塌的地方往下挖掘。

谁知人群中闪出一个老河兵（古代专门从事河工的士兵），说道："在原地方是挖不到的，应该到上游去找。"众人都觉得不可思议，石狮子怎么会往上游跑呢？

老河兵解释道："石狮子结实沉重，水冲它不走，但上游来的水不断冲击，反会把它靠上游一边的泥沙冲出一个坑来。天长日久，坑越冲越大，石狮子就会倒转到坑里。如此再冲再滚，石狮子就会像'翻跟头'一样慢慢往上游滚去。往下游去找固然不对，往河底深处去找岂不更错？"

根据老河兵的话，寺僧果然在上游数里处找到了石狮子。

在众人都根据自己的感性认识而做出各种揣测时，老河兵凭着其对水流习性的熟识，借着事物层层发展的严密逻辑，推导出了正确的结论。如果仅仅具有感性认识，人们对事物的认识只可能停留在片面的、现象的层面上，根本无法全面把握事物的本质，做出有价值的判断。

逻辑思考是一种比较规范的、严密的分析推理方式，它依靠我们把握事物的关键点，逐层推进，深入分析，而不能靠无端的臆想和猜测。

逻辑思维与共同知识的建立

爱因斯坦曾讲过他童年的一段往事：

爱因斯坦小时候不爱学习，成天跟着一帮朋友四处游玩，不论他妈妈怎么规劝，爱因斯坦只当耳边风，根本听不进去。这种情况发生转变是在爱因斯坦 16 岁那年。

一个秋天的上午，爱因斯坦提着渔竿正要到河边钓鱼，爸爸把他拦住，接着给他讲了一个故事，这个故事改变了爱因斯坦的人生。

父亲对爱因斯坦说："昨天，我和隔壁的杰克大叔去给一个工厂清扫烟囱，那烟囱又高又大，要上去必须踩着里边的钢筋爬梯。杰克大叔在前面，我在后面，我们抓着扶手一阶一阶爬了上去。下来的时候也是这样，杰克大叔先下，我跟在后面。钻出烟囱后，我们发现一个奇怪的情况：杰克大叔一身上下都蹭满了黑灰，而我身上竟然干干净净。"

父亲微笑着对儿子说："当时，我看着杰克大叔的样子，心想自己肯定和他一样脏，于是跑到旁边的河里使劲洗。可是杰克大叔呢，正好相反，他看见我身上干干净净的，还以为自己一样呢，于是随便洗了洗手，就上街去了。这下可好，街上的人以为他是一个疯子，望着他哈哈大笑。"

爱因斯坦听完忍不住大笑起来，父亲笑完了，郑重地说："别人无法做你的镜子，只有自己才能照出自己的真实面目。如果拿别人做镜子，白痴或许会以为自己是天才呢。"

父亲和杰克大叔都是通过对方来判断自己的状态，这是逻辑思维的简单运用，却由于逻辑推理的基础不成立（即"两个人的状态一样"不成立），而闹出了笑话。

"别拿别人做镜子"，这是爱因斯坦从父亲的话中得到的教诲。但是，在逻辑思维的世界里，我们难道真的不能把别人当自己的镜子吗？

在回答这个问题之前，我们先来看下面这个游戏：

假定在一个房间里有三个人，三个人的脸都很脏，但是他们只能看到别人而无法看到自己。这时，有一个美女走进来，委婉地告诉他们说："你们三个人中至少有一个人的脸是脏的。"这句话说完以后，三个人各自看了一眼，没有反应。

美女又问了一句："你们知道吗？"当他们再彼此打量第二眼的时候，突然意识到自己的脸是脏的，因而三张脸一下子都红了。

为什么？

下面是这个游戏中各参与者逻辑思维的活动情况：当只有一张脸是脏的时候，一旦美女宣布至少有一张脏脸，那么脸脏的那个参与人看到两张干净的脸，他马上就会脸红。而且所有的参与人都知道，如果仅有一张脏脸，脸脏的那个人一定会脸红。

在美女第一次宣布时，三个人中没人脸红，那么每个人就知道至少有两张脏脸。如果只有两张脏脸，两个脏脸的人各自看到一张干净的脸，这两个脏脸的人就会脸红。而此时如果没有人脸红，那么所有人都知道三张脸都是脏的，因此在打量第二眼的时候所有人都会脸红。

这就是由逻辑思维衍生出的共同知识的作用。共同知识的概念最初是由逻辑学家李维斯提出的。对一个事件来说，如果所有当事人对该事件都有了解，并且所有当事人都知道其他当事人也知道这一事件，那么该事件就是共同知识。在上面这个游戏中，"三张脸都是脏的"这一事件就是共同知识。

假定一个人群由 A、B 两个人构成，A、B 均知道一件事实 f，f 是 A、B 各自的知识，而不是他们的共同知识。当 A、B 双方均知道对方知道 f，并且他们各自都知道对方知道自己知道 f，那么，f 就成了共同知识。

这其中运用了逻辑思维的分析方法，是获得决策信息的方式。但是它与一条线性的推理链不同，这是一个循环，即"假如我认为对方认为我认为……"也就是说，当"知道"变成一个可以循环绕动的车轱辘时，我们就说 f 成了 A、B 间的共同知识。因此，共同知识涉及一个群体对某个事实"知道"的结构。在上面的游戏中，美女的话所引起的唯一改变，是使一个所有参与人事先都知道的事实成为共同知识。

在生活中，没有一个人可以在行动之前得知对方的整个计划。在这种情况下，互动推理不是通过观察对方的策略进行的，而是必须通过看穿对手的策略才能展开。

要想做到这一点，单单假设自己处于对手的位置会怎么做还不够。即便你那样做了，你会发现，你的对手也在做同样的事情，即他也在假设自己处于你的位置会怎么做。每一个人不得不同时担任两个角色，一个是自己，一个是对手，从而找出双方的最佳行动方式。

运用逻辑思维对信息进行提取和甄别

信息的提取和甄别，是当今社会的一个关键的问题。如果在商海中搏击，更要学会信息的收集与甄别，掌握各方面的知识。当面临抉择的最后时刻，与其如赌徒般仅靠瞬息间的意念做出轻率的判断，倒不如及早掌握信息，以资料为依据，发挥正确的推理判断能力。

亚默尔肉类加工公司的老板菲利普·亚默尔每天都有看报纸的习惯，虽然生意繁忙，但他每天早上到了办公室，就会看秘书给他送来的当天的各种报刊。

初春的一个上午，他和往常一样坐在办公室里看报纸，一条不显眼的不过百字的消息引起了他的注意：墨西哥疑有瘟疫。

亚默尔的头脑中立刻展开了独特的推理：如果瘟疫出现在墨西哥，就会很快传到加州、得州，而美国肉类的主要供应基地是加州和得州，一旦这里发生瘟疫，全国的肉类供应就会立即紧张起来，肉价肯定也会飞涨。

他马上让人去墨西哥进行实地调查。几天后，调查人员回电报，证实了这一消息的准确性。

亚默尔放下电报，马上着手筹措资金大量收购加州和得州的生猪和肉牛，运到离加州和得州较远的东部饲养。两三个星期后，西部的几个州就出现了瘟疫。联邦政府立即下令严禁从这几个州外运食品。北美市场一下子肉类奇缺、价格暴涨。

亚默尔认为时机已经成熟，马上将囤积在东部的生猪和肉牛高价出售。仅仅 3 个月时间，他就获得了 900 万美元的利润。

亚墨尔重视信息，而且，善于运用逻辑思维对接收到的信息进行提取和甄别，当他收到一则信息后，总会在头脑中进行一番推理，来判断该信息的真伪或根据该信息导出更多的未知信息，从而先人一步，争取主动。

伯纳德·巴鲁克是美国著名的实业家、政治家，在 30 岁出头的时候就成了百万富翁。1916 年，威尔逊总统任命他为"国防委员会"顾问，以及"原材料、矿物和金属管理委员会"主席，以后又担任"军火工业委员会主席"。1946 年，巴鲁克担任了美国驻联合国原子能委员会的代表，并提出过一个著名的"巴鲁克计划"，即建立一个国际权威机构，以控制原子能的使用和检查所有的原子能设施。无论生前死后，巴鲁克都受到普遍的尊重。

在刚刚创业的时候，巴鲁克也是非常艰难的。但就是他所具有的那种对信息的敏感，加之合理的推理，使他一夜之间发了大财。

1898 年 7 月的一天晚上，28 岁的巴鲁克正和父母一起待在家里。忽然，广播里传来消息，美国海军在圣地亚哥消灭了西班牙舰队。

这一消息对常人来说只不过是一则普通的新闻，但巴鲁克却通过逻辑分析从中看到了商机。

美国海军消灭了西班牙舰队，这意味着美西战争即将结束，社会形势趋于稳定，那么，在商业领域的反映就是物价上扬。

　　这天正好是星期天，用不了多久便是星期一了。按照通常的惯例，美国的证券交易所在星期一都是关门的，但伦敦的交易所则照常营业。如果巴鲁克能赶在黎明前到达自己的办公室，那么就能发一笔大财。

　　那个时代，小汽车还没有问世，火车在夜间又停止运行，在常人看来，这已经是无计可施了，而巴鲁克却想出了一个绝妙的主意：他赶到火车站，租了一列专车。皇天不负有心人，巴鲁克终于在黎明前赶到了自己的办公室，在其他投资者尚未"醒"来之前，他就做成了几笔大交易。他成功了！

　　信息是这个时代的决定性力量，面对纷繁复杂的信息，加以有效提取和甄别，经过逻辑思维的加工，挖掘出信息背后的信息，这样，才能及时地抓住机遇，抓住财富。

第三篇

思维导图：
打开大脑潜能的金钥匙

第一章
思维导图引发的大脑海啸

揭开思维导图的神秘面纱

思维导图由世界著名的英国学者东尼·博赞发明。思维导图又叫心智图，它把我们大脑中的想法用彩色的笔画在纸上。它把传统的语言智能、数字智能和创造智能结合起来，是表达发散性思维的有效图形思维工具。

思维导图自一面世，即引起了巨大的轰动。

作为 21 世纪全球革命性思维工具、学习工具、管理工具，思维导图已经应用于生活和工作的各个方面，包括学习、写作、沟通、家庭、教育、演讲、管理、会议等，运用思维导图带来的学习能力和清晰的思维方式已经成功改变了 2.5 亿人的思维习惯。

英国人东尼·博赞作为"瑞士军刀"般思维工具的创始人，因为发明"思维导图"这一简单便捷的思维工具，被誉为"智力魔法师"和"世界大脑先生"，闻名世界。作为大脑和学习方面的世界超级作家，东尼·博赞出版了 80 多部专著或合著，系列图书销售量已达到 1000 万册。

思维导图是一种革命性的学习工具，它的核心思想就是把形象思维与抽象思维很好地结合起来，让你的左右脑同时运作，将你的思维痕迹在纸上用图画和线条形成发散性的结构，极大地提高你的智力技能和智慧水准。

　　在这里，我们不仅是介绍一个概念，更要阐述一种最有效最神奇的学习方法。不仅如此，我们还要推广它的使用范围，让它的神奇效果惠及每一个人。

　　思维导图应用得越广泛，对人类乃至整个宇宙产生的影响就越大。

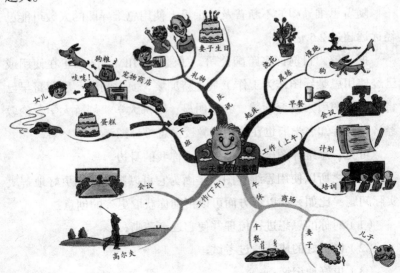

而你在接触这个新东西的时候会收获一种激动和伟大发现的感觉。

思维导图用起来特别简单。比如，你今天一天的打算，你所要做的每一件事，我们可以用一张从图中心发散出来的每个分支代表今天需要做的不同事情。

简单地说，思维导图所要做的工作就是更加有效地将信息"放入"你的大脑，或者将信息从你的大脑中"取出来"。

思维导图能够按照大脑本身的规律进行工作，启发我们抛弃传统的线性思维模式，改用发散性的联想思维思考问题；帮助我们做出选择、组织自己的思想、组织别人的思想，进行创造性的思维和脑力风暴，改善记忆和想象力等；思维导图通过画图的方式，充分地开发左脑和右脑，帮助我们释放出巨大的大脑潜能。

让 2.5 亿人受益一生的思维习惯

随着思维导图的不断普及，世界上使用思维导图的人数可能已经远远超过 2.5 亿。

据了解，目前许多跨国公司，如微软、IBM、波音正在使用或已经使用思维导图作为工作工具；新加坡、澳大利亚、墨西哥早已将思维导图引入教育领域，收效明显，哈佛大学、剑桥大学、伦敦经济学院等知名学府也在使用和教授"思维导图"。

可见，思维导图已经悄悄来到了你我的身边。

我们之所以使用思维导图，是因为它可以帮助我们更好地解决实际问题，比如，在以下方面可以帮助你获取更多的创意：

（1）对你的思想进行梳理并使它逐渐清晰；

（2）以良好的成绩通过考试；

（3）更好地记忆；

（4）更高效、快速地学习；

（5）把学习变成"小菜一碟"；

（6）看到事物的"全景"；

（7）制订计划；

（8）表现出更强的创造力；

（9）节省时间；

（10）解决难题；

（11）集中注意力；

（12）更好地沟通交往；

（13）生存；

（14）节约纸张。

怎样绘制思维导图

其实，绘制思维导图非常简单。思维导图就是一幅幅帮助你了解并掌握大脑工作原理的使用说明书。

思维导图就是借助文字将你的想法"画"出来，因为这样才更容易记忆。

绘制过程中，我们要用到颜色。因为思维导图在确定中央图像之后，有从中心发散出来的自然结构；它们都使用线条、符号、词

汇和图像，遵循一套简单、基本、自然、易被大脑接受的规则。

颜色可以将一长串枯燥无味的信息变成丰富多彩的、便于记忆的、有高度组织性的图画，它接近于大脑平时处理事物的方式。

"思维导图"绘制工具如下：

（1）一张白纸；

（2）彩色水笔和铅笔数支；

（3）你的大脑；

（4）你的想象！

这些就是最基本的工具，当然在绘制过程中，你还可以拥有更适合自己习惯的绘图工具，比如成套的软芯笔，色彩明亮的涂色笔或者钢笔。

东尼·博赞给我们提供了绘制思维导图的 7 个步骤，具体如下：

（1）从一张白纸的中心画图，周围留出足够的空白。从中心开始画图，可以使你的思维向各个方向自由发散，能更自由、更自然地表达你的思想。

如图：

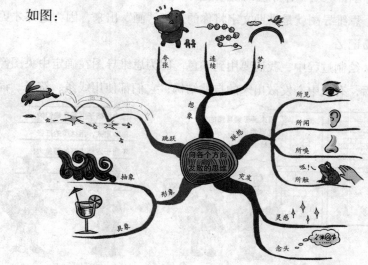

（2）在白纸的中心用一幅图像或图画表达你的中心思想。因为一幅图画可以抵得上 1000 个词汇或者更多，图像不仅能刺激你的创意性思维，帮助你运用想象力，还能强化记忆。

（3）尽可能多地使用各种颜色。因为颜色和图像一样能让你的大脑兴奋。颜色能够给你的思维导图增添跳跃感和生命力，为你的创造性思维增添巨大的能量。此外，自由地使用颜色绘画本身也非常有趣！

（4）将中心图像和主要分支连接起来，然后把主要分支和二级分支连接起来，再把三级分支和二级分支连接起来，依此类推。

我们的大脑是通过联想来思维的。如果把分支连接起来，你会更容易地理解和记住许多东西。把主要分支连接起来，同时也创建了你思维的基本结构。

其实，这和自然界中大树的形状极为相似。树枝从主干生出，向四面八方发散。假如大树的主干和主要分支，或主要分支和更小的分支以及分支末梢之间有断裂，那么它就会出现问题！

（5）让思维导图的分支自然弯曲，不要画成一条直线。曲线永远是美的，你的大脑会对直线感到厌烦。美丽的曲线和分支，就像大树的枝权一样更能吸引你的眼球。

（6）在每条线上使用一个关键词。所谓关键字，是表达核心意思的字或词，可以是名词或动词。关键字应该是具体的、有意义的，这样才有助于回忆。

单个的词语使思维导图更具有力量和灵活性。每个关键词就像大树的主要枝权，然后繁殖出更多与它自己相关的、互相联系的一系列次级枝权。

当你使用单个关键词时，每一个词都更加自由，因此也更有助于新想法的产生。而短语和句子却容易扼杀这种火花。

（7）自始至终使用图形。思维导图上的每一个图形，就像中心图形一样，可以胜过千言万语。所以，如果你在思维导图上画出了10个图形，那么就相当于记了数万字的笔记！

以上就是绘制思维导图的7个步骤，不过，这里还有几个技巧可供参考：

把纸张横放，使宽度变大。在纸的中心，画出能够代表你心目中的主体形象的中心图像。再用水彩笔任意发挥你的思路。

先从图形中心开始画，标出一些向四周放射出来的粗线条。每一条线都代表你的主体思想，尽量使用不同的颜色区分。

画思维导图时纸张要横着放，这又是为什么呢？

因为横长竖短符合人类视野规律，比如电影屏幕。所以横放会更好呀！

在主要线条的每一个分支上，用大号字清楚地标上关键词，当你想到这个概念时，这些关键词立刻就会从大脑里跳出来。

运用你的想象力，不断改进你的思维导图。

在每一个关键词旁边，画一个能够代表它、解释它的图形。

用联想来扩展这幅思维导图。对于每一个关键词，每一个人都会想到更多的词。比如你写下"橙子"这个词时，你可以想到颜色、果汁、维生素 C，等等。

根据你联想到的事物，从每一个关键词上发散出更多的连线。连线的数量根据你的想象可以有无数个。

教你绘制一幅自己的思维导图

思维导图就是一幅帮助你了解并掌握大脑工作原理的使用说明书，并借助文字将你的想法"画"出来，便于记忆。

现在，让我们来绘制一幅"如何维护保养大脑"的思维导图。

你可以试着按以下步骤进行：

准备一张白纸（最好横放），在白纸的中心画出你的这张思维导图的主题或关键字。主题可以用关键字和图像（比如在这张纸的中心可以画上你的大脑）来表示。

用一幅图像或图画表达你的中心思想（比如你可以把你的大脑想象成蜘蛛网）。

使用多种颜色（比如用绿色表示营养部分，红色表示激励部分）。

连接中心图像和主要分支，然后再连接主要分支和二级分支，接着再连二级分支和三级分支，依次类推（比如"营养"是主要分支，"维生素""蛋白质"等是二级分支，"维生素 A""B 族维生素""卵磷脂"等是三级分支等）。

用曲线连接。每条线上注明一个关键词（比如"滋润"、"创造力"等）。

多使用一些图形。

好了，按照这几个步骤，这张思维导图你画好了吗？

下面就是编者绘制的一张"如何维护保养大脑"的思维导图，仅供大家参考。

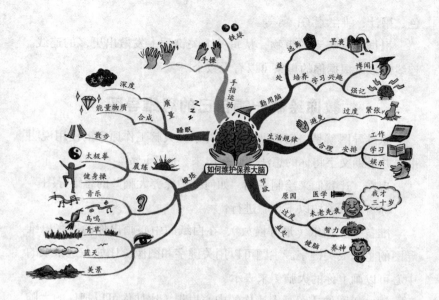

认识你的大脑从认识大脑潜力开始

你了解自己的大脑吗？

你认为自己大脑潜力都发挥出来了吗？

你常常认为自己很笨吗？

生活中，总有一些人认为自己很笨，没有别人聪明。但是他们不知道，自己之所以没能取得好成绩、甚至取得成功，是因为只使用了大脑潜力的一小部分，个人的能力并没有全部发挥出来。

现在社会发展速度极快，不论在学习或其他方面，如果我们想表现得更出色，那么就必须重视我们的大脑，让大脑发挥出更大的潜力。遗憾的是，很少有人重视这一点。

其实，你的大脑比你想象的要厉害得多。

近年来，对大脑的开发和研究引起了很多科学家的注意，他们做了很多有益的探索，也取得了很多新的科研成果。过去 10 年中，人类对大脑的认识比过去整个科学史上所认识的还要多得多。特别是近代科技上所取得的惊人成就，使我们能够借助它们得以一窥大脑的奥秘。

他们一致认为，世界上最复杂的东西莫过于人的大脑。人类在探索外太空极限的同时，却忽略了宇宙间最大的一片未被开采过的地方——大脑。我们对大脑的研究还远远不够，还有很多未知的领域，而且可以肯定我们对大脑的研究和开发将会极大地推动人类社会的进步。

那么，就让我们先来初步认识一下我们的头脑——这个自然界最精密、最复杂的器官：

人脑由三部分组成：即脑干、小脑和大脑。

脑干位于头颅的底部，自脊椎延伸而出。大脑这一部分的功能是人类和较低等动物（蜥蜴、鳄鱼）所共有的，所以脑干又被称为爬虫类脑部。脑干被认为是原始的脑，它的主要功能是传递感觉信息，控制某些基本的活动，如呼吸和心跳。

脑干没有任何思维和感觉功能。它能控制其他原始直觉，如人类的地域感。在有人过度接近自己时，我们会感到愤怒、受威胁或不舒服，这些感觉都是脑干发出的。

小脑负责肌肉的整合，并有控制记忆的功能。随着年龄的增长和身体各部分结构的成熟，小脑会逐渐得到训练而提高其生理功能。对于运动，我们并没有达到完全控制的程度，这就是小脑没有得到锻炼的结果。你可以自己测试一下：在不活动其他手指的情况下，试着弯曲小拇指以接触手掌，这种结果是很难达到的，而灵活的大拇指却能十分轻松地完成这个动作。

大脑是人类记忆、情感与思维的中心，由两个半球组成，表面覆盖着 2.5~3 毫米厚的大脑皮层。如果没有这个大脑皮层，我们只能处于一种植物状态。

大脑可分成左、右两个半球，左半球就是"左脑"，右半球就是"右脑"，尽管左脑和右脑的形状相同，二者的功能却大相径庭。左脑主要负责语言，也就是用语言来处理信息，把我们通过五种感官（视觉、听觉、触觉、味觉和嗅觉）感受到的信息传入大脑中，再转换成语言表达出来。因此，左脑主要起处理语言、逻辑思维和判断的作用，即它具有学习的本领。右脑主要用来处理节奏、旋律、音乐、图像和幻想。它能将接收到的信息以图像方式进行处理，并且在瞬间即可处理完毕。一般大量的信息处理工作（例如心算、速读等）是由右脑完成的。右脑具有创造性活动的本领。例如，我们仅凭熟悉的声音或脚步声，即可判断来人是谁。

有研究证明，我们今天已经获取的有关大脑的全部知识，可能

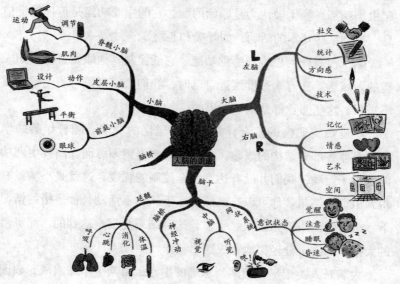

还不到必须掌握的知识的 1%。这表明，大脑中蕴藏着无数待开发的资源。

如果把大脑比喻成一座冰山的话，那么一般人所使用的资源还不到 1%，这只不过是冰山一角；剩下 99% 的资源被白白闲置了，而这正是大脑的巨大潜能之所在。

科学也证明，我们的大脑有 2000 亿个脑细胞，能够容纳 1000 亿个信息单位，为什么我们还常常听一些人抱怨自己学得不好，记得不牢呢？

我们的思考速度大约是每小时 480 英里，快过最快的子弹头列车，为什么我们不能思考得更迅速呢？

我们的大脑能够建立 100 万亿个联结，甚至比最尖端的计数机还厉害，为什么我们不能理解得更完整、更透彻呢？

而且，我们的大脑平均每 24 小时会产生 4000 种念头，为什么我们每天不能更有创造性地工作和学习呢？

其实，答案很简单。我们只使用了大脑的一部分资源，按照美国最大的研究机构斯坦福研究所的科学家们所说，我们大约只利用了大脑潜能的 10%，其余 90% 的大脑潜能尚未得到开发。

我们不妨大胆假设一下，假如我们能利用脑力的 20%，也就是把大脑潜能提高一倍的话，你的外在表现力将是多么惊人！

或许我们已经知道，我们的大脑远比以前想象的精妙得多，任何人的所谓“正常”的大脑，其能力和潜力远比以前我们所认识到的要强大得多。

现在，我们找到了问题的原因，那就是我们对自己所拥有的内在潜力一无所知，更不用说如何去充分利用了。

启动大脑的发散性思维

思维导图是发散性思维的表达，作为思维发展的新概念，发散性思维是思维导图最核心的表现。

比如下面这个事例。

在某个公司的活动中，公司老总和员工们做了一个游戏：

组织者把参加活动的人分成了若干个小组，每个小组选出一个小组长扮演"领导"的角色，不过，大家的台词只有一句，那就是要充满激情地说一句："太棒了！还有呢？"其余的人扮演员工，台词是："如果……有多好！"游戏的主题词设定为"马桶"。

当主持人宣布游戏开始的时候，大家出现了一阵习惯性的沉默，不一会儿，突然有人开口："如果马桶不用冲水，又没有臭味有多好！"

"领导"一听，激动地一拍大腿："太棒了！还有呢？"

另外一个员工接着说："如果坐在马桶上也不影响工作和娱乐有多好！"

又一位"领导"也马上伸出大拇指："太棒了！还有呢？"

"如果小孩在床上也能上马桶有多好！"

……　……

讨论进行得热火朝天，各人想法天马行空，出乎大家的意料。

这个公司的管理人员对此进行了讨论，并认为有三种马桶可以尝试生产并投入市场：一种是能够自行处理，并能把废物转化成小体积密封肥料的马桶；一种是带书架或耳机的马桶；还有一种是带多个"终端"的马桶，即小孩老人都可以在床上方便，废物可以通过"网络"传到"主"马桶里。

这个游戏获得了巨大的成功，其中便得益于发散性思维的运用。

　　针对这个游戏，我们同样可以利用思维导图表示出来（见下页图）。

　　大脑作为发散性思维联想机器，思维导图就是发散性思维的外

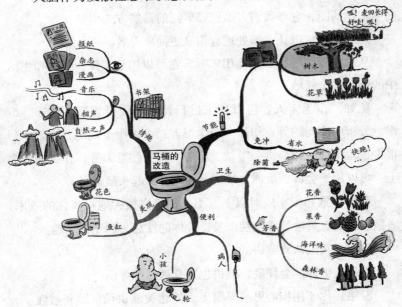

　　我们应该明白，发散性思维是一种自然和几乎自动的思维方式，人类所有的思维都是以这种方式发挥作用的。一个会发散性思维的大脑应该以一种发散性的形式来表达自我，它会反映自身思维过程的模式，给我们更多更大的帮助。

思维导图让大脑更好地处理信息

让大脑更好更快地处理各种信息，这正是思维导图的优势所在。使用思维导图，可以把枯燥的信息变成彩色的、容易记忆的、高度组织的图，它与我们大脑处理事物的自然方式相吻合。

思维导图可以让大脑处理起信息更简单有效。

从思维导图的特点及作用来看，它可以用于工作、学习和生活中的任何一个领域里。

比如，作为个人：可以用来进行计划、项目管理、沟通、组织、分析解决问题等；作为一个学习者：可以用于记忆、笔记、写报告、写论文、作演讲、考试、思考、集中注意力等；作为职业人士：可以用于会议、培训、谈判、面试、掀起头脑风暴等。

利用思维导图来应对以上方面，都可以极大地提高你的效率，增强思考的有效性和准确性以及提升你的注意力和工作乐趣。

比如，我们谈到演讲。

起初，也许你会怀疑，演讲也适合做思维导图吗？

没错！你不用担心思维导图无法使相关演讲信息顺利过渡。一旦思维导图完成，你所需要的全部信息就都呈现出来了。

其实，我们需要做的只是决定各种信息的最终排列顺序。一幅好的思维导图将有多种可选性。最后确定后，思维导图的每个区域将涂上不同的颜色，并标上正确的顺序号。继而将它转化为写作或口头语言形式，将是很简单的事，你只要圈出所需的主要区域，然后按各分支之间连接的逻辑关系，一点一点地进行就可以了。

按这种方式，无论多么烦琐的信息，多么艰难的问题都将被一一解决。

又比如，我们在组织活动或讨论会时需用的思维导图。

也许我们这次需要处理各种信息，解决很多方面的问题。当我们没有想到思维导图的时候，往往会让人陷入这样的局面：每个人都在听别人讲话，每个人也都在等别人讲话，目的只是为等说话人讲完话后，有机会发表自己的观点。

在这种活动或讨论会上，或许会发生我们不愿看到的结果，比如，大家叽叽喳喳，没有提出我们期望的好点子，讨论来讨论去没有解决需要解决的问题，最后现场不仅没有一点儿秩序，而且时间也白白地浪费了。

这时，如果活动组织者运用思维导图的话，所有问题将迎刃而解。活动组织者可以在会议室中心的黑板上，以思维导图的基本形式，写下讨论的中心议题及几个副主题。让与会者事先了解会议的内容，使他们有备而来。

组织者还可以在每个人陈述完他的看法之后，要求他用关键词的形式，总结一下，并指出在这个思维导图上，他的观点从何而来，与主题思维导图的关联，等等。

这种使用思维导图方式的好处显而易见：

（1）可以准确地记录每个人的发言；

（2）保证信息的全面；

（3）各种观点都可以得到充分的展现；

（4）大家容易围绕主题和发言展开，不会跑题；

（5）活动结束后，每个人都可记录下思维导图，不会马上忘记。

这正是思维导图在处理大量信息面前的好处，在讨论会上，可以吸引每个人积极地参与目前的讨论，而不是仅仅关心最后的结论。

利用思维导图这种形式可以全面加强事物之间的内在联系，强化人们的记忆、使信息井然有序，为我所用。

在处理复杂信息时，思维导图是你思维相互关系的外在"写照"，它能使你的大脑更清楚地"明确自我"，因而更能全面地提高思维技能，提高解决问题的效率。

建立良好的生活方式

良好的生活方式对于保护大脑，维持大脑的正常运转，以及进行创造性思维活动具有重要的意义。

简要说来，良好的生活方式包括：起居有时、饮食有节、生活规律、适当运动、保持积极乐观的心态、要戒烟限酒等。

与之相反，如果我们的生活无规律——尤其睡眠不足，喜欢吃含有有害物质的垃圾食品和没有营养价值的快餐食品，很少参加户外活动，身体患病不及时医治，吸烟酗酒，甚至赌博吸毒，都会对大脑形成不利的因素，甚至造成损伤。只有保证大脑健康，才能让自己清醒思考，明白做事。生活中，哪些生活方式会影响大脑的健康呢？

日常生活中，人们的用脑习惯和生活因素，对大脑智力和思维有着不利的影响。

具体表现在以下几个方面：

懒用脑

科学证明，合理地使用大脑，能延缓大脑神经系统的衰老，并通过神经系统对机体功能产生调节与控制作用，达到健脑益寿之目的。否则，对大脑和身体的健康不利。

乱用脑

这主要表现在用脑过于焦虑和紧张，或者是不切实际的担忧，对身体和大脑均有损害。

病用脑

人在身体不舒服或生病时，继续用脑，不仅会降低学习和工作效率，还会造成大脑的损害，而且不利于身体的康复。

饿用脑

很多人习惯了早晨不吃早餐，使上午的学习或工作一直处于饥饿状态，自然血糖不能正常供给，继而大脑营养供应不足。长期下去，会对大脑的健康和思维功能造成影响。

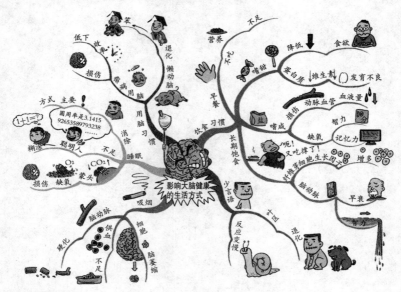

睡眠差

睡眠有利于消除大脑疲劳，如果经常睡眠不足，或者睡眠质量不高，对大脑都是一个不良刺激，容易使大脑衰老。

蒙头睡

很多人不知道蒙头睡觉的害处，所以习惯用被子蒙住头。实际上，被子中藏有大量的二氧化碳，被子中二氧化碳浓度在不断增加，氧的浓度在不断下降，空气变得相对污浊，势必对大脑造成损害。

建立良好的生活方式，不仅能保证大脑的健康，而且能有效地挖掘大脑潜能，顺利进行创造性思维活动。

建立良好的生活方式，在于提高对大脑智能的认识，养成良好的生活习惯，长期坚持下去，方能收到理想的效果。

第二章
常见思维和头脑风暴法

联想思维

"学习是件特别枯燥的事情。"我们身边，很多人会抱怨学习无趣。

"写作文的时候我老觉得没有东西可写。"也有很多人抱怨写出的作文空洞无物。那么，在抱怨之前，请先问一问自己："我具有丰富的想象力吗？"

一个人，如果具有丰富的想象力，就拥有了联想的空间，这好比为学习找到了一种强大动力，想象力能把光明的未来展示在人们的面前，鼓舞人们以巨大的精力去从事创造性的学习。只有拥有丰富的想象力，我们的学习才会具有创造性，在学习的过程中，我们便会发现学习也是一种乐趣。

法国著名作家儒勒·凡尔纳以想象力超群而著称。他在无线电还未发明时，就已经想到了电视，在莱特兄弟制造出飞机之前的半个世纪，已想到了直升机和飞机。什么坦克、导弹、潜水艇、霓虹灯等，他都预先想象到了。

他在《月亮旅行记》中甚至讲到了几个炮兵坐在炮弹上让大炮把他们发射到月亮上。他想象在地球上挖一个几百米深的发射井，在井中铸造一个大炮筒，把精心设计的"炮弹车厢"发射到月球上去。他甚至选择好了离开地球的最近时刻，计算了克服地心引力所需要的最低速度，以及怎样解决密封的"炮弹车厢"的氧气供给问题。

据说齐尔斯基——宇宙航行的开拓者之一，正是受了凡尔纳著作的启发，推动着他去从事星际航行理论研究的。

俄国科学家齐奥科夫斯基青年时代就被人们称为"大胆的幻想家"，他把未来的宇宙航行想象成 15 步。值得惊叹的是，在齐奥科夫斯基做出这一大胆的想象的时候，莱特兄弟的飞机还尚未问世。

当时除了冲天鞭炮以外，世界上没有什么火箭，更加令人吃惊的是，许多想象通过近几十年的航空、航天技术的发展，已经成为活生生的现实。即，随着火箭、喷气式飞机、人造卫星、阿波罗登月计划、航天轨道站以及航天飞机的相继成功，齐奥科夫斯基的前几步都已基本实现。

其实，很多古人认为不可能的事情，今天都已经成为我们司空见惯的事实了。"不是做不到，只是想不到。"事实证明，头脑中的形象越丰富，想象就越开阔、深刻，我们的想象力就越强。因此平时要不断接触各种事物，使这些事物在你头脑中留下深刻的印象，这些印象就是你进行丰富想象的素材。

倘若你能正确使用你的想象力，你的作文就不再是干巴巴的记叙文，你的解题方式可能有很多种，此路不通另寻他路，你对历史也就不会毫无感觉。的确，很多学习上的问题，说到底就是头脑中能否想象的问题。

几个人一同看天上的云，有人看到的只是一片云，有人看到了一只绵羊，有人则看到一个仙女……画家开始在画布上勾勒出这些图像来，作家在作品中描述着他们的感知，演员们则把对事物的感知表演了出来，商人们在梦想中看到了它们——所有这些都是创造性地想象出来的。

锡德·帕纳斯在他的《优化你的大脑魔力》一书中提到了一个很不错的练习。

他问他的读者们："如果我说 4 是 8 的一半，是吗？"人们回答说："是。"随后他说道："如果我说 0 是 8 的一半，是吗？"经过一段时间思考后，几乎所有的人都同意这一说法（数字 8 是由两个 0 上下相叠而成的）。

然后他又说："如果我说 3 是 8 的一半，是吗？"现在每个人都看到把 8 竖着分为两半，则是两个 3。然后他又说到 2、5、6，甚至 1 都是 8 的一半。能否看出这些关系来，就看你是否有想象力。

每个字母和每个数字都可能具有上百万种形状、大小、颜色和材料，事实上存在的东西，已经远远超出了我们的想象。而且你越是广泛涉猎的时候，你就越会是惊叹那些天才的想象力。

奥威尔的《动物农场》，甚至想象了一个与他不同时代的国家的面貌。想象力不是胡思乱想，而是建立在常识基础上的发散思考。如果你以为想象力就是不负责任地胡乱联系，那你是在侮辱自己的智商。

怎样提高我们的想象力呢？这里有一些线索可以给你参考。

首先，我们要相信每个事物都可能成为其他所有的事物。在艺术家看来，每个事物都是其他所有的事物，艺术家的大脑是高度创造性的大脑，那里没有逾越不了的障碍，自由想象是学习者最好的朋友。

可这一点对很多人来说就很困难。首先是因为有的人不敢放开自己的思路，政治的题目就一定要从政治的角度来思考，历史的问题就绝对不能从地理的因素来考虑。这样的头脑是很难有所创造的。

另外，在学习过程中，不要把自己限制在自己的小世界里，应该勇敢地走出去，到野外去亲近自然，感受大自然的奇妙。

如此一来，外面的世界更有可能激发你的灵感。假如你读过《瓦尔登湖》，就能知道原来描述自然的文字能达到如此唯美的境界。如果只注重书本知识，成天把自己关在屋子里，使书本知识和实践严重脱节，就会变成"无源之水、无本之木"，也不利于想象力的发展。

未来的世界一定是越来越重视想象力的世界，你可以对想象力做有针对性地训练：

积累丰富的感性形象

可以在社会实践中开阔视野，以扩大对自然界和人类社会各种形象的储备。社会调查、参观、游览、欣赏影视歌舞、读书，都可以扩大形象储备。

借用"朦胧"想象

不少科学家善于在睡意蒙眬的状态下思考问题。运用朦胧法，能发现事物之间的一些原来意想不到的相似点，从而触发想象和灵感。

融合想象与判断

合理的想象只有同准确的判断力一道才能发挥作用。丰富的想象力，既需思想活跃，又需判断正确。

练习比喻、类比和联想

比喻、类比是想象力的花朵。经常打比方，可使想象力活跃。读小说时，可以有意识地在关键时刻停下来，自己设想一下故事的多种发展趋向，然后比较小说的写法，从中受到启迪。看电视连续剧可逐集练习。

多作随意性想象

要先放开思想想象，然后再把不合适的地方修改或删除，思想拘谨很难产生出色的想象。要知道成功地运用你的想象力，引导自己去开发新鲜的领域与成就。这种想象力往往能发挥重要的作用。人们可以借助逻辑上的变换，从已知推出未知，从现在导出将来。

我们可以做几个针对联想思维的小训练：

训练 1：词语的连接

用下面的词语组织一段文字，要求必须包含所有的词语。

科学　月刊　稀少　聪明　天空　消息　手语　树木　符号
卵石　太阳　模式　间谍　玻璃　池水　橱窗　细胞　暴风雨
神经错乱　波状曲线

例文 1：她心神不定地坐在走廊的椅子上，随手翻着一本科学月刊，那是一种图片稀少、但内容芜杂的刊物。她翻着，看到聪明、天空、消息、手语、树木、符号、卵石、太阳、模式、间谍、玻璃、池水、橱窗、暴风雨、波状曲线、细胞、神经错乱等一些乱七八糟的词语，就像一间杂货铺，尽情地展示着自己的存货。她把杂志扔到身旁，一时间，心里烦乱不堪，各种各样的感觉纷纷袭来。

例文 2：对于由神经错乱而引起的"联想狂"病症，康宁博士在一家科学月刊上有较为详尽的分析。博士指出，这是一种稀少的病症，可是病患却不容易治愈。患者往往自以为极端聪明，能发现常人所不能发现的情况。比方说他们可以从天空云彩的变幻得知电视台节目的预告，风吹过树木的摇摆是某种意义的手语，一处污斑往往是一个透露着征兆的符号……博士分析了一个病例，患者把卵石看成是太阳分裂后的碎块，并建立了一种如下的思维模式：猫就是间谍，玻璃是由池水的表层部分凝固而成，橱窗为暴风雨的侵袭提供支持，波状曲线是细胞。

例文 3：这突如其来的消息使她一时间神经错乱，平时喜欢阅读的科学月刊被胡乱地丢到地上。走近窗前，她看到树木上稀少的叶片，在太阳下闪烁着刺目的光，仿佛是一种预兆的符号，可惜以前她没有读懂。真弄不明白，像他这样的聪明人，怎么会是一个间谍？记得曾经一起讨论那些暴风雨的模式时，他似乎想透露什么，然而最终他只是望着当街的橱窗玻璃，那上面有一道奇怪的波状曲线。"池水里的卵石上有无数细胞。"他说。然后打了一个无聊的手语……

训练 2：完成一篇文章

比如我们就写鹰。以鹰作为联想的中心。我们可以建立如下的联想：

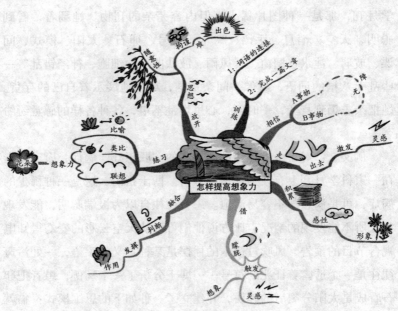

（1）与鹰有关的事物：鹰巢、鹰画、鹰标本、鹰笛（猎人唤鹰的工具）、鹰架、鹰的训练步骤及注意事项……

（2）鹰本身的事物：鹰的食物（食谱）、鹰的卵及孵化、鹰眼、鹰爪、鹰的羽毛、鹰的鼻子以及耳朵、鹰的翅膀、鹰的飞翔能力……

（3）与鹰有关的一些概念："左牵黄，右擎苍……"（辛弃疾）、打猎、雄鹰展翅、大展宏图、猎猎大风、迅捷、搏兔捕蛇……

（4）与鹰有关的精神：拼搏到底、不怕挫折、信念坚定、勇于挑战、崇尚大自然、独来独往、无限自由……

苏联心理学家哥洛万斯和斯塔林茨，曾用实验证明，任何两个概念词语都可以经过四五个阶段，建立起联想的关系。例如木头和皮球，是两个风马牛不相及的概念，但可以通过联想作为媒介，使它们发生联系：木头——树林——田野——足球场——皮球。又如天空和茶，天空——土地——水——喝——茶。因为每个词语可以同将近 10 个词直接发生联想关系。

形象思维

形象思维是建立在形象联想的基础上的，先要使需要思考记忆的物品在脑子里形成清晰的形象，并将这一形象附着在一个容易回忆的联结点上。这样，只要想到所熟悉的联结点，便能立刻想起学习过的新东西。

依照形象思维而来的形象记忆是目前最合乎人类的右脑运作模式的记忆法，它可以让人瞬间记忆上千个电话号码，而且长时间不会忘记。

但是，当人们在利用语言作为思维的材料和物质外壳，不断促进了意义记忆和抽象思维的发展，促进了左脑功能的迅速发展，而这种发展又推动人的思维从低级到高级不断进步、完善，并越来越发挥无比神奇作用的过程中，却犯了一个本不应犯的错误——逐渐忽视了形象记忆和形象思维的重要作用。

于是，人类越来越偏重于使用左脑的功能进行意义记忆和抽象思维了，而右脑的形象记忆和形象思维功能渐渐遭到不应有的冷落。其实，我们对右脑形象记忆的潜力还缺乏深刻的认识。

现在，让我们来做个小游戏，请在一分钟内记住下列东西：

风筝、铅笔、汽车、电饭锅、蜡烛、果酱。

怎么样，你感到费力吗？你记住了几项呢？其实，你完全可以轻而易举地记全这六项，只要你利用你的想象力。

你可以想象，你放着风筝，风筝在天上飞，这是一个什么样的风筝呢？是一个白色的风筝。忽然有一支铅笔，被抛了上去，把风筝刺了个大洞，于是风筝掉了下来。而铅笔也掉了下来，砸到了一辆汽车上，挡风玻璃也全破了。

后来，汽车只好放到一个大电饭锅里去，当汽车放入电饭锅时，汽车融化了，变软了。后来，你拿着一个蜡烛，敲着电饭锅，当当当的声音，非常大声，而蜡烛，被涂上了果酱。

现在回想一下：

风筝怎么了？被铅笔刺了个大洞。

铅笔怎么了？砸到了汽车。

汽车怎么了？被放到电饭锅里煮。

电饭锅怎么了？被蜡烛敲出了声音。

蜡烛怎么了？被涂上了果酱。

如果你再回想几次，就把这六项记起来了。

这个游戏说明：联结是形象记忆的关键。好的、生动的联结要求将新信息放在旧信息上，创造另一个生动的影像，将新信息放在长期记忆中，以荒谬、无意义的方式用动作将影像联结。

好的联结在回想时速度快，也不易忘记。一般而言有声音的联结比没有声音的好，有颜色的联结比没有颜色的好，有变形的联结比没有变形的好，动态的比静态的好。

想象是形象记忆法常用的方式，当一种事物和另一种事物相类似时，往往会从这一事物引起对另一事物的联想。把记忆的材料与自己体验过的事物联结起来，记忆效果就好。

比如，要记住我国的省级行政单位的轮廓及位置，确实很困难。如果能用形象记忆，就会减少这方面的困难。仔细观察中国地图我们不难发现各省市政区的轮廓，与日常生活中的一些实物很相似。

比如，我们知道：黑龙江省像只天鹅，内蒙古自治区像展翅飞翔的老鹰，吉林省大致呈三角形，辽宁省像个大逗号，山东省像攥起右手伸出拇指的拳头，山西省像平行四边形，福建省像相思鸟，安徽省像张兔子皮，台湾省似纺锤，海南省似菠萝，广东省似象头，广西壮族自治区似树叶，青海省像兔子，西藏自治区像登山鞋，新疆维吾尔自治区像朝西的牛头，甘肃省像哑铃，陕西省像跪俑，云南省像开屏的孔雀，湖北省像警察的大盖帽，湖南、江西省像一对亲密无间的伴侣……形象记忆不仅使呆板的省区轮廓图变得生动有趣，也提高了记忆的效果。

成为记忆能人的条件，是要具备能够在头脑中描绘具体形象的能力，让我们再来看看一些名人的形象记忆记录。

日本著名的将棋名人中原诚能在不用纸笔记录的情况下，把10个人在3天时间里分两桌进行的麻将赛的每一局胜负都记得清清楚楚。

日本另外一个将棋好手大山康晴也有类似的逸闻，他曾和朋友一起在旅馆打了 3 天麻将，没想到他们的麻将战绩表被旅馆的女服务员当作废纸给扔了，在大家一筹莫展之时，大山名人已将多达 20 多人的战绩准确地重新写下来了。

马克·吐温曾经为记不住讲演稿而苦恼，但后来他采用一种形象的记忆之后，竟然不再需要带讲演稿了。他在《汉堡》杂志中这样说：

"最难记忆的是数字，因为它既单调又没有显著的外形。如果你能在脑中把一幅图画和数字联系起来，记忆就容易多了。如果这幅图画是你自己想象出来的，那你就更不会忘掉了。我曾经有过这种体验：在 30 年前，每晚我都要演讲一次。所以我每晚要写一个简单的演说稿，把每段的意思用一个句子写出来，平均每篇约 11 句。

有一天晚上，忽然把次序忘了，使我窘得满头大汗。因为这次经验，于是我想了一个方法：在每个指甲上依次写上一个号码，共计 10 个。第二天晚上我再去演说，便常常留心指甲，为了不致忘掉刚才看的是哪个指甲起见，看完一个便把号码揩去一个。但是这样一来，听众都奇怪我为什么一直望自己的指甲。结果，这次的演讲不消说又是失败了。

忽然，我想到为什么不用图画来代表次序呢？这使我立刻解决了一切困难。两分钟内我用笔画出了 6 幅图画，用来代表 11 个话题。然后我把图画抛开。但是那些图画已经给我一个很深的印象，只要我闭上眼睛，图画就很明显地出现在眼前。这还是远在 30 年前的事，可是至今我的演说稿，还是得借助图画的力量才能记忆起来。"

马克·吐温的例子更有力地证明了形象记忆的神奇作用，由

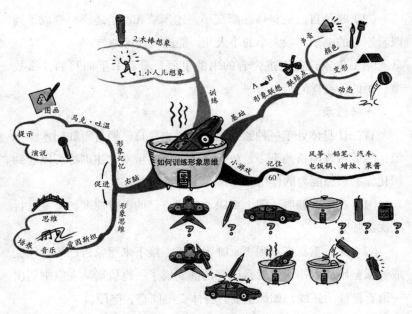

此，我们每一个人应该有意识地锻炼自己的形象记忆能力。

形象记忆是右脑的功能之一，加强形象记忆可促进形象思维的发展，在听音乐时可以听记旋律、记忆主题、默读乐谱、反复欣赏、活跃思维。

爱因斯坦说："如果我在早年没有接受音乐教育的话，那么，在什么事业上我都将一事无成。在科学思维中，永远有着音乐的因素，真正的科学和音乐要求同样的思维过程。"因此，在听音乐时要有计划、有目的地培养自己的多种思维形式，各种音乐环节中必须始终贯穿形象思维训练，促进记忆的提升。

你还可以通过下面的方法训练自己的形象思维：

小人儿想象

做法如下：

（1）冥想、呼吸使身心放松；

（2）暗示自己的身体逐渐变小，比米粒和沙子还小，变成了肉眼看不见的电子一般大小的小人儿，能进入任何地方；

（3）想象自己走进合着的书的里面，看看书里面写的什么故事，画的什么样的画。

木棒想象

首先让身体处于一种紧张的状态，想象自己僵直得如同木棒一般，然后再逐渐松弛下来，放松身体。反复重复上述训练可以起到深化你的冥想能力的作用。

（1）在床上静卧，闭上双眼。按照自己的正常速度，重复进行三次深呼吸。

（2）然后重新恢复到正常呼吸状态，接下来想象自己的身体变成一根坚硬的木棒，感觉自己又仿佛变成了一座桥梁，在空中划出一道有韧性的弧线，如此重复。身体变得僵直、坚硬。

（3）感觉身体开始松弛、变软。

（4）再次僵直、变硬，变得越来越坚固。

（5）迅速恢复松弛、柔软的状态。

（6）再一次变得僵硬起来。

（7）身体重新松弛下来。下面重复进行三次深呼吸。在呼气的时候，努力进行更深层次的放松，感觉大脑处于一种冥想的出神状态，并逐渐上升至更高级别的层次。

（8）下面你能从1数到10，在数数的过程中，想象你自己冥想的级别也在逐步提升，努力认真地想象自己冥想的级别在不断深化。

（9）下面开始数：

〈1、2〉，冥想的级别在逐渐深化；

〈3、4〉，进一步深化；

〈5、6〉，更进一步的深化；

〈7、8〉，更为深入的深化；

〈9、10〉，已进入较高层次的深化。

（10）接下来，开始进行颜色想象训练。一开始先想象自己面前30厘米处出现一个屏幕，然后想象屏幕上出现红、黄、绿等颜色。首先进行红色的想象，然后看到眼前出现红色。

（11）下面，红颜色消失，逐渐变成黄色。就这样想象下去。

（12）接下来，黄颜色消失，逐渐变成绿色。

（13）下面开始想象你自己家正门的样子，已经开始逐渐看清楚了吧，对，想得越细越好。直到完全可以清楚地看到为止。

（14）下面，打开房门，走进去，看看屋子里面是什么样的。

（15）现在可以清醒过来了。开始从10数到0，感觉自己心情舒畅地醒来。

发散思维

死气沉沉的大脑毫无创造力可言，在学习过程中，若要保持大脑的兴奋，就要保持思维的活跃，而发散思维可以帮助大脑维持一个灵敏的状态。

几乎从启蒙那天开始，社会、家庭和学校便开始向学生灌输这样的思想：这个问题只有一个答案、不要标新立异、这是规矩等等。当然，就做人的行为准则而言，遵循一定的道德规范是对的，正所谓"没有规矩，不成方圆"。然而，凡事都制定唯一的准则，这一做法是在扼杀创造力。

有人曾对一群学生做过一个测试，请他们在五分钟之内说出红砖的用途，结果他们的回答是："盖房子、建教室、修烟囱、铺路面、盖仓库……"尽管他们说出了砖头的多种用途，但始终没有离开"建筑材料"这一大类。

其实，我们只需从多个角度来考察红砖，便会发现还有如压纸、砸钉子、打狗、支书架、锻炼身体、垫桌脚、画线、作红标志，甚至磨红粉等诸多其他用途。这种从多个角度观察同一问题的做法所体现的就是发散思维的运用。

发散思维的概念，是美国心理学家吉尔福特在1950年以《创造力》为题的演讲中首先提出的，半个多世纪来，引起了普遍重视，促进了创造性思维的研究工作。发散思维法又称求异思维、扩散思维、辐射思维等，它是一种从不同的方向、不同的途径和不同的角度去设想的展开型思考方法，是从同一来源材料、从一个思维出发点探求多种不同答案的思维过程，它能使人产生大量的创造性设想，摆脱习惯性思维的束缚，使人们的思维趋于灵活多样。

比如一支曲别针究竟有多少种用途？你能说出几种？ 10种？几十种？还是几百种？你可以来一场头脑风暴，看看自己能想到的极限是多少种——如果你想继续这个游戏的话，可能你到人生的最后一刻，都能找到特别的用途来。下面这个关于曲别针的故事告诉你的不只是曲别针的用途，更是一种思维方法。

在一次有许多中外学者参加的如何开发创造力的研讨会上，日本一位创造力研究专家应邀出席了这次研讨活动。面对这些创造性思维能力很强的学者同仁，风度翩翩的村上幸雄先生捧来一把曲别针（回形针），说道："请诸位朋友动一动脑筋，打破框框，看谁能说出这些曲别针的更多种用途，看谁创造性思维开发得好、多而奇特！"

片刻，一些代表踊跃回答：

"曲别针可以别相片，可以用来夹稿件、讲义。"

"纽扣掉了，可以用曲别针临时钩起……"

大家七嘴八舌，说了大约 10 多种，其中较奇特的回答是把曲别针磨成鱼钩，引来一阵笑声。村上对大家在不长时间内讲出十多种曲别针用途，很是称道。人们问："村上您能讲多少种？"

村上一笑，伸出 3 个指头。

"30 种？"村上摇头。

"300 种？"村上点头。

人们惊异，不由得佩服这人聪慧敏捷的思维。也有人怀疑。

村上紧了紧领带，扫视了一眼台下那些透着不信任的眼睛，用幻灯片映出了曲别针的用途……这时只见中国的一位以"思维魔王"著称的怪才许国泰先生向台上递了一张纸条。

"对于曲别针的用途，我能说出 3000 种，甚至 30000 种！"

邻座对他侧目："吹牛不罚款，真狂！"

第二天上午 11 点，他"揭榜应战"，走上了讲台，他拿着一支粉笔，在黑板上写了一行字：村上幸雄曲别针用途求解。原先不以为然的听众一下子被吸引过来了。

"昨天，大家和村上讲的用途可用 4 个字概括，这就是钩、挂、别、联。要启发思路，使思维突破这种格局，最好的办法是借助于简单的形式思维工具——信息标与信息反应场。"

他把曲别针的总体信息分解成重量、体积、长度、截面、弹性、直线、银白色等 10 多个要素。再把这些要素，用根标线连接起来，形成一根信息标。然后，再把与曲别针有关的人类实践活动要素相分析，连成信息标，最后形成信息反应场。

这时，现代思维之光，射入了这枚平常的曲别针，它马上变成了孙悟空手中神奇变幻的金箍棒。他从容地将信息反应场的坐标，不停地组切交合。通过两轴推出一系列曲别针在数学中的用途，如，曲别针分别做成 1、2、3、4、5、6、7、8、9、0，再做成 +－×÷ 的符号，用来进行四则运算，运算出数量，就有 1000 万、1 亿……在音乐上可创作曲谱；曲别针可做成英、俄、希腊等外文字母，用来进行拼读；曲别针可以与硫酸反应生成氢气；可以用曲别针做指南针；可以把曲别针串起来导电；曲别针是铁元素构成，铁与铜化合是青铜，铁与不同比例的几十种金属元素分别化合，生成的化合物则是成千上万种……

实际上，曲别针的用途，几乎近于无穷！他在台上讲着，台下一片寂静。与会的人们被"思维魔王"深深地吸引着。

许国泰先生运用的方法就是发散思维法。具有发散思维的人，在观察一个事物时，往往通过各种各样的牵线搭桥，将思路扩展开来，而不仅仅局限于事物本身，也就常常能够发现别人发现不了的事物与规律。许多优秀的学习者，在学习活动中也很重视发散思维的学习运用，因此获得了较佳的学习效果。

要想提高自己的发散思维，我们不妨按照以下几个步骤来进行练习：

充分想象

人的想象力和思维能力是紧密相连的，在进行思维的过程中，一定要学会运用想象力，使自己尽快跳出原有的知识圈子，只有让思路不局限于一点，才能让思维更加开阔。

不要过分紧张

要想进行发散思维，必须拥有一个较好的思维环境，同时也应该保持较好的心情，这就要求我们在碰到问题的时候不能过于紧张。紧张只能使人方寸大乱，于解决问题没有丝毫助益。

从不同角度发散思维

思考问题的时候不要从单一的角度进行，应该学会从不同角度、不同方向、不同层次进行，同时对自己所掌握的知识或经验进行重新组合、加工，只有这样才能找到更多解决问题的办法。

发散的角度越多，我们掌握的知识就越全面，思维就越灵活。在学习中，对于有新意、有深度的看法，我们应该大胆地提出来，和老师同学们一起探讨，从而激发全班学生的发散性思维。

比如，当你看到苏轼的时候，你可以想到《明月几时有》，也可以想到《密州出猎》这些作品；同时我们能想到的还有北宋的政治制度，苏东坡曾经的遭遇；我们还能想到东坡肉这种美食，以及东坡酒、东坡的政敌王安石、苏门三位文豪；等等。

当我们的看法出现错误时，也不要觉得不好意思，这只能说明我们的想法还不完善。让我们在一个宽松、活泼、能充分发表自己观点的氛围中，展现个性，展现能力，展现学习成果。

对每个人来说，发散性思维是一种自然和几乎自动的思维方

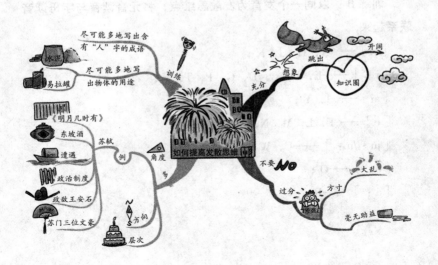

203

式，能给我们的学习和生活更多更大的帮助。

要强化自己的发散思维，就必须要不断进行思维训练，如：

训练 1：尽可能多地写出含有"人"字的成语

训练 2：尽可能多地写出有以下特征的事物

（1）能用于清洁的物品。

（2）能燃烧的液体。

训练 3：尽可能多地写出近义词

（1）美丽：

（2）飞翔：

训练 4：解释词语

（1）存亡绝续：

（2）功败垂成：

训练 5：尽可能多地列举下列物体的用途

（1）易拉罐：

（2）水泥：

训练 6：以同一个发音为发散思维点，将元音读音与字母读音联系起来

［ei］——A，H，J，K；

［i：］——E，B，C，D，G，P，T，V；

［ai］——I，Y；

［e］——F，L，M，N，S，X，Z；

［ju：/u：］——U，W；

［ou］——O；

［a：］——R。

缜密思维

有人常说："其实我都会，就是粗心做错了几道题。"乍听之下，好像他本来很聪明，不是不会做题，只是不太细心。但事实上，拿高分的人从来不粗心，他们从来不丢应得的分数。如果你真的聪明的话，就更应该重视每一个细节。

有人说："我是一个不拘小节的人。"殊不知，细节往往是解决问题的侧向突破口。老子说："天下难事，必作于易；天下大事，必作于细。"不起眼的事物也许会带来新的发现。

亚历山大·弗莱明这个名字可能你不是很熟悉，不过他有一个杰出的贡献改变了世界——青霉素，我们来看看青霉素是怎么发现的。

弗莱明本身是学医学的，1922年，他在研究工作中盯上了葡萄球菌。葡萄球菌是一种分布最广、对人类健康威胁最大的病原菌。人一旦受伤伤口感染化脓，其元凶就是葡萄球菌，可当时人们对它没有什么好的对付办法。

很长一段时间，弗莱明致力于葡萄球菌的研究。在他的实验室里，几十个细菌培养皿里都培养着葡萄球菌。弗莱明将各种药物分别加入培养皿中，以期筛选出对葡萄球菌有抑制作用的药物。可是，一种种的药物都不是葡萄球菌的对手。实验，一次次失败了。

1928年的一天，弗莱明与往常一样，一到实验室，便观察培养皿里的葡萄球菌的生长情况。他发现一只培养皿里长出了一团青绿色的霉。显然，这是某种天然霉菌落进去造成的。这使他感到懊丧，因为这意味着培养皿里的培养基没有用了。弗莱明正想把这只被感染的培养基倒掉时，发现青霉周围呈现出一片清澈。凭着多年从事细菌研究的经验，弗莱明立刻意识到，这是葡萄球菌被杀死的迹象。

为了证实自己的判断，弗莱明用吸管从培养皿中吸取一滴溶液，涂在干净的玻璃上，然后放在高倍显微镜下观察。结果，在显微镜下竟然没有看到一个葡萄球菌！这让弗莱明兴奋不已——这青霉到底是哪一路"英雄"呢？

弗莱明将青霉接种到其他培养皿培养。用线分别蘸溶有伤寒菌或大肠杆菌等的水溶液，分别放在青霉的培养基上，结果这几种病菌生长很好。说明青霉没有抑制这几种病菌生长的作用。而将带有葡萄球菌、白喉菌和炭疽菌的线，分别放在青霉培养基上，这些细菌全部被杀死。

弗莱明又将生长着青霉的培养液稀释800倍，可稀释液仍有良好的杀菌作用。由此弗莱明断定青霉会分泌一种杀死葡萄球菌的物质。这种物质要是能用在人身上那该多好啊！

弗莱明将青霉的培养液注射到老鼠体内，结果老鼠安然无恙。这说明青霉分泌物没有毒性。

弗莱明高兴得差点儿跳起来。青霉分泌物对葡萄球菌灭杀效果好，而且没有毒性，这不是自己梦寐以求的杀菌药吗？他想应该可以在人身上试一试了。试验结果正如其所预料，青霉分泌物确有奇效，且对人体没有副作用。后来医学上把这种青霉分泌物命名为青霉素，并作为杀菌药物，广泛应用于临床医疗。

青霉素的发现主要是弗莱明细心的结果，要是碰上粗心大意的人，很可能青霉素就不能那么早运用到医学上了。尽管我们所受的教育一直是强调我们应该树立大的志向，可是大志向并不和细节相冲突。如果你认为有大志向的人就是不拘小节，甚至就是只要心里明白就行，做对做错无所谓，那就大错特错了！

殊不知，在我们这样一个讲究竞争的社会中，一个不小心可能就会毁掉一个大企业，粗心是任何成功人士的大敌。现在有很多人经常去肯德基，其实很多人不知道，早在 1991 年，中国曾有一个企业叫作荣华鸡快餐公司。荣华鸡曾经号称"肯德基开到哪，我就开到哪"，但是在不到六年的时间里，"荣华鸡"节节败退，最后在与肯德基的大战中"落荒而逃"。

荣华鸡为什么比不过肯德基？专家分析认为，其落于下风的根本原因——在于细节。肯德基能在全球迅速推广开，就是他们注重细节，"冠军"的英文单词"CHAMPS"就是它们的发展计划——C：Cleanliness 保持美观整洁的餐厅；H：Hospitality 提供真诚友善的接待；A：Accuracy 确保准确无误的供应；M：Maintenance 维持优良的设备；P：Productquality 坚持高质稳定的产品；S：Speed 注意快速迅捷的服务。

"冠军计划"有非常详尽、可操作性极强的细节，保证了肯德基在世界各地每一处餐厅都能严格执行统一规范的操作，而荣华鸡还远没有达到这种要求。中式快餐的厨师都是手工化操作，食品没办法根据标准进行批量化生产。细节上做得不够，顾客就会选择细节做得好的企业。

细节可爱也可怕。有经验的人可以从细节窥见太多太多的内容，你所展示出来的细节，实际上已经在"出卖"你。下次，可别再说"这些我都会，只是不注意"了。

超前思维

在某次考场作文的审题现场，老师拿起一篇作文惊呼："好文啊！好文！——满分！"于是，老师们争相传看这篇文章。

这次作文的考题是根据一则材料来写自己的感想，材料讲的是对兔子学游泳的感想。

很多人都说兔子学游泳是强人所难，接着也许会大谈一番道理，但是这篇让老师激动不已的文章，则把自己想象成一头驴，如何练得比马还要快，最后得出一个"行行出状元"的结论。

其实从结论来看，这篇作文无甚稀奇，而且这篇作文的风格也很口语化，没有瑰丽的文采。但是它最令老师欣赏的，就是那一点儿创意，将自己投入到作文中。

看看往年的满分作文我们就能明白，几乎所有的作文都有不同之处，或者是立意，或者是布局，如果一样了，就没有什么竞争力了。很多优秀的学生往往会撇开众人常用的思路，善于尝试多种角度的考虑方式，从他人意想不到的"点"去开辟问题的新解法。所以，当我们提倡同学们要进行发散性的思维训练，其首要因素便是要找到事物的这个"点"进行扩散。

华若德克是美国实业界的大人物。在他未成名之前，有一次，他带领属下参加在休斯敦举行的美国商品展销会。令他十分懊丧的是，他被分配到一个极为偏僻的角落，而这个角落是绝少有人光顾的。为他设计摊位布置的装饰工程师劝他干脆放弃这个摊位，因为在这种恶劣的地理条件下，想要成功展览几乎是不可能的。华若德克沉思良久，觉得自己若放弃这一机会实在是太可惜了。可不可以将这个不好的地理位置通过某种方式得以化解，使之变成整个展销会的焦点呢？

他想到了自己创业的艰辛，想到了自己受到展销大会组委会的排斥和冷眼，想到了摊位的偏僻，他的心里突然涌现出偏远非洲的景象，觉得自己就像非洲人一样受着不应有的歧视。他走到了自己的摊位前，心中充满感慨，灵机一动："既然你们都把我看成非洲难民，那我就打扮一回非洲难民给你们看！"于是一个计划应运而生。

华若德克让设计师为他设计了一个古阿拉伯宫殿式的氛围，围绕着摊位布满了具有浓郁非洲风情的装饰物，把摊位前的那一条荒凉的大路变成了黄澄澄的沙漠。他安排雇来的人穿上非洲人的服装，并且特地雇用动物园的双峰骆驼来运输货物，此外他还派人定做大批气球，准备在展销会上用。

展销会开幕那天，华若德克挥了挥手，顿时展览厅里升起无数的彩色气球，气球升空不久自行爆炸，落下无数的胶片，上面写着："当你拾起这小小的胶片时，亲爱的女士和先生，你的运气就开始了，我们衷心祝贺你。请到华若德克的摊位，接受来自遥远非洲的礼物。"

这无数的碎片洒落在热闹的人群中，于是一传十，十传百，消息越传越广，人们纷纷集聚到这个本来无人问津的摊位前。强烈的人气给华若德克带来了非常可观的生意和潜在机会，而那些黄金地段的摊位反而遭到了人们的冷落。

也许相对一般人，那些商业人士所面临的生活压力更大，所以这些人总能想出来一些奇妙的方法解决问题。上面这个例子就是其中之一。而我们现在非常熟知的名人唐骏，当年在微软公司做程序员的时候，就是凭借比别人多想一点而赢得上层的关注。

当时，有上千人与唐骏同时进入企业，唐骏想的是，如果要引起别人的注意，就要差异化竞争。结果在提案的时候，他不仅提出了一个人人都能注意到的产品开发问题，还提出具体解决的方案。当时他的老板非常激动地对他说："你不是第一个提出这个问题的人，但是是第一个提出如何解决这个问题的人。"就这样，他脱颖而出了。

几乎所有的创意都重在突破常规，它不怕奇思妙想，也不怕荒诞不经。沿着可能存在的"点"尽量向外延伸，或许，一些从常规思路出发看来根本办不成的事，其前景往往柳暗花明、豁然开朗。所以，在平日的生活中，多发挥思维的能动性，让它带着你任意驰骋在广阔的思维天地，或许会让你看到平日见不到的美妙风景。

那么现在思考一下，我们怎样才能做到比别人多考虑一点儿呢？

1. 积极提问

在各种学习课上，我们不仅要做到专心听讲、对别人给出的答案敢于发表自己的独立见解，而且还能够积极思考，勇于提出问题。因为提问是积极思考的一个表现，问题越多的学习者，对知识掌握得有可能越全面，领会得越透彻，积极提问也说明他们思考得比别人多，想的"点"多。

而那些很少提问甚至从不提问的学习者，虽然在同一课堂上学习了同样的内容，印象也不如积极思考的同学深，不仅对知识的应用能力更差，而且容易遗忘。

提问是积极思考的表现，也是比别人多考虑一点儿的表现，积极思考，才能领会得透彻。在学习过程中，不仅要专心听讲，更要善于大胆质疑。通过积极地提问，活跃思维，最大限度地调动自己的学习主动性，这样才有可能取得更好的学习效果。

2. 保持好奇心

对我们大脑来说，好奇心本身就是一种奖励，优秀的学习者正是因为保持自己的好奇心才能学习到更多的智慧。

其实每个人都有浓厚的好奇心和求知欲，尤其是对于学生来说，表现得更为强烈。比如书本上的知识会引起我们的好奇心，自然界和社会生活中纷繁复杂的现象，也会吸引着我们，甚至连路旁的一棵小树、天空中一片漂浮的彩云，都会引起我们无穷无尽的遐想。

美籍华人、诺贝尔物理奖获得者李政道教授一次在同中国科技大学少年班学生座谈时指出："为什么理论物理领域做出贡献的大都是年轻人呢？就是因为他们敢于怀疑，敢问。"他还强调说，"一定要从小就培养学生的好奇心，要敢于提出问题。"

一个人善于动脑和思考，就会不断发现问题，养成"非思不问"的习惯，这样我们考虑的就能比别人多，学到的东西自然也就会更多！

重点思维

考试的时候你是否经常不知道应该先做选择题还是计算题？

语文、英语、生物和数学作业同时放在面前，你是否知道应该先做哪一个？

你是否考虑过，在任何一门课上，你应该先认真听讲呢，还是先把黑板上的笔记抄下来呢？

其实，当你在思考这些问题、感叹时间不够用的时候，善于学习的人早已把自己的精力合理分配，正向学习的顶峰攀登。

当我们向优秀的人请教学习方法时，他们经常说："想一想，在平时的学习过程中，你是否总是贪多贪全，因为把精力浪费在芝麻小事上而忘记了最重要的内容呢？"

现实生活中，有不少人往往分不清自己要做的事情的轻重缓急，因为很多人的事情不是靠自己来安排的，有些人长期像一个提线木偶，在长辈的安排下生活、学习，这也是造成其不善于安排时间的一大原因。

学习中，一些人总是贪多，总想一下子把所有的内容都学完学会，把所有的题都做完，把所有的课文都背下来，糟糕的是却不会预先安排时间，找到侧重点。这种片面追求面面俱到却抓不住学习重点的做法，结果往往是事倍功半。

不知你是否思考过，钻头为什么能在极短的时间内钻透厚厚的墙壁或者坚硬的岩层呢？

或许有些人已经知道其原理：同样的力量集中于一点，单位压强就大；而集中在一个平面上，单位压强就会减小数倍。像钻头这样攻其一点的谋略是解决问题的好办法。

只有我们知道什么是最重要的，抓住了关键，不把精力浪费在芝麻小事上，才能安排时间、集中时间、精力于一点，认准目标，将学习贯彻到底。

因为每个人的脑力有限，所以更需要合理地规划和安排。日常生活中，上网、玩游戏、交朋友都会牵扯大量精力，这时就需要提高自控能力，定好学习目标，争取贯彻到底。

或许我们不知道，著名幻想小说《海底两万里》是法国科幻作家凡尔纳在航海旅途中完成的；奥地利的大音乐家莫扎特连理发时也在考虑创作乐曲；贝多芬去了餐馆只管写曲谱，常常忘了自己是否已经用过餐……

对于我们每个人来说，只有正确把握要做的事情与时间之间的关系，才有可能把这些事情都处理好。

另外，应把每天要做的事情按照轻重缓急程度排列顺序：

第一类是重要而紧迫的事情，如考试、测验等；

第二类是紧迫但不重要的事情，如完成家庭作业等；

第三类是重要但不紧迫的事情，如提高阅读能力等；

第四类是既不重要也不紧迫的事情，如果时间不允许可以不做的事，比如逛街等。

如果能够按照这个顺序来安排学习任务，可以保证把重要的事情首先完成，把学习安排得井井有条。

相对而言，有很多人每天看起来总是一副很忙的样子。虽然这些人整天忙得不可开交，但仔细一看，却不知道自己到底做了什么。

事实上，这种忙碌的背后有三种情况：

（1）不会管理自己的时间的忙碌。这些人常常感觉时间不够用，甚至忙得发疯。

（2）已经学会应对与取舍的忙碌。这种忙碌往往能最为有效的利用时间。

（3）假装忙碌。因为我们现在几乎是将忙与成功、闲和失败联系到一起了，因此，有的人认为只要忙碌学习或工作就会成功，于是他们就成天忙个不停，可是效果并不是很理想。

生活中，常常困扰一些人的"芝麻小事"可能是中午吃什么，买什么颜色的笔记本，关注的电视剧到了哪一集，男主角和女主角最后怎么了……仔细想想，这些事情真的不值得我们花上大段的时间。只有把主要精力放在重要的事情上，才是善学者的思维方式。

总结思维

对于总结思维，我们可以举一个关于如何学习英语的例子，即如何运用规律记忆法记忆英语单词：

规律记忆法巧记英语单词：

第一种：派生法。

英语构词法之一派生法，也叫词缀法，就是在词根前面或后面加上前缀或后缀就构成了新的词。由派生法构成的词叫派生词。大体上讲，派生法有两种规律：加前缀和加后缀。

加前缀：

honest（诚实）前面加前缀 dis，就构成了新的单词 dishonest（不诚实）；

able（能）前面加前缀 un，就构成了新的单词 unable（不能）；

night（夜晚）前面加前缀 mid，就构成了新的单词 midnight（午夜）。

加后缀：

work（工作）后面加后缀 er，就构成了新的词 worker（工人）；

child（孩子）后面加后缀 hood，就构成了新的单词 childhood（童年）。

第二种：合成法。

英语构词法之二合成法，就是把两个以上独立的词合成一个新词。

比如，class（课）+room（房间）就构成了 classroom（教室）；

every（每一）+one（一）就构成 everyone（每人）；

some（一些）+body（人）就构成了 somebody（某人）；

my（我的）+self（自己）就构成了 myself（我自己）。

一般来讲事物之间是存在着联系的，他们之间总有自己的规律存在。在记忆学习的时候如果能找到他们之间的规律，就能轻松地学习和提高，有这样一个故事：

德国大数学家高斯在小学念书时，数学老师叫布特纳，在当地小有名气。

这位来自城市的数学老师总认为乡下的孩子都很笨，感到自己的才华无法施展，因此经常很郁闷。有一次，布特纳在上课时心情又非常不好，就在黑板上写了一道题目：

1+2+3……+100 ＝ ?

"这么多个数相加，要算多长时间呀？"学生们有点儿无从下手。

正当全班学生紧张地挨个数相加时，高斯已经得出结果是5050。同学们都很惊奇。

布特纳看了一下高斯的答案，感到非常惊讶。他问高斯："你是怎么算的？怎么算得这样快？"

高斯说："1+100 ＝ 101，2+99 ＝ 101，3+98 ＝ 101……最后50+51 ＝ 101，总共有 50 个 101，所以 101 × 50 ＝ 5050。"

原来，高斯并不是像其他孩子一样一个数一个数地相加，而是通过细心地观察，找到了算式的规律。

善学者总是有意识地去寻找事物的规律，在分析规律的过程中不断加强理解，记忆起来就会容易得多。一个人学习成绩优秀，除了他刻苦学习外，良好的学习习惯也起着决定性的作用。学习成效与记忆力最为相关，不同人的记忆能力有差异，但除了极少数智力存在缺陷的人外，差异是不大的，只要我们能掌握并遵循合理的记忆规律，合理安排我们的学习和复习时间，就一定能取得好的学习效果。

记忆是掌握知识、运用知识、增强智力、创造发明的关键，所以提高我们的记忆力就显得尤为重要了。那么，我们该怎样去遵循记忆规律、提高自己的记忆力呢？

1. 一次记忆的材料不宜过多

应该控制好每一次记忆材料的总量，如果总量过多很容易产生大脑疲劳，使记忆效率下降。

正确的做法是，把量控制在一个范围，能让你一次完成记忆

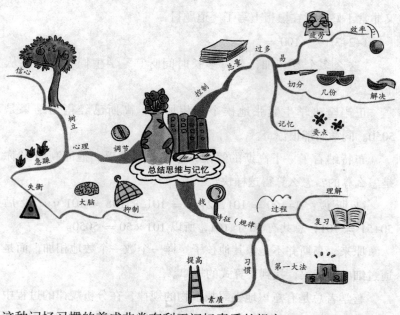

这种记忆习惯的养成非常有利于记忆素质的提高。

3. 事先做好心理调节

记忆之前，必须先做好心理调节，树立起自信心，相信自己一定能掌握这些材料。千万不要在记忆之前怀疑自己，担心自己背不下来。记忆过程中也要控制好自己的心态，不能急躁，急躁会破坏心理平衡，使大脑出现抑制现象，让自己无法顺利完成记忆。

总之，我们只有学会科学用脑，认识并遵循记忆规律，我们的记忆效果才会事半功倍，我们对自己才会越来越有信心。

头脑风暴法

美国学者 A.F. 奥斯本提出了头脑风暴法。

头脑风暴法原指精神病患者头脑中短时间出现的思维紊乱

现象，病人会产生大量的胡思乱想。奥斯本借用这个概念来比喻思维高度活跃，因打破常规的思维方式而产生大量创造性设想的状况。

头脑风暴的目的是激发人类大脑的创新思维以及能够产生出新的想法、新的观念。

讲到头脑风暴还要提到一个人，那就是英国的大文豪萧伯纳，他曾经就交换苹果的事情，提出这样的理论：

假如两个人来交换苹果，那每个人得到的也就是一个苹果，并没有损失也没有收获，但是假如交换的是思想，那情况是绝对的不一样了。

假设两个人交换思想，两个人的脑子里装的可就是两个人的思想了。对于萧伯纳的理论，A.F. 奥斯本大表赞同。他认为，应该让人们的头脑来一次彻底性的革命，卷起一次风暴。

有这样一个案例：

美国北方每年冬天都十分的寒冷，尤其是进入 12 月之后，大雪纷飞。这对当地的通信设备影响严重，因为大雪经常会压断电线。

以往人们为了解决这一问题，都会想出各种各样的办法，但是没有一种能够成功，基本上都是刚开始有些效果，到最后还是没有办法战胜自然环境。

奥斯本是一家电讯公司的经理，他为了能解决大雪经常性的阻断通信设备的数据传输，召开了一次全体职工的会议，目的就是想让大家活动脑筋，畅所欲言，能够解决问题。

他要求大家首先要独立思考，参加会议的人员要解放自己的思想，不要考虑自己的想法是多么可笑抑或是完全行不通；

其次，大家发言之后，其他人不要去评论这个想法是好还是不好，发言的人只管自己发言，而评断想法值不值得借鉴的话，最后交给高层的组织者；

再次，发言者不要过多地考虑发言的质量，也就是自己提出来的想法到底有多大的可行性，这次会议的重点就是看谁说得多。

最后，就是要求发言的人能够将多个想法拼接成一个，优化资源，尽可能的想出一个效果最为突出的解决办法。

说完规定之后，参加会议的员工便积极地议论起来，大家纷纷出招。有的人说要是能够设计一种给电线用的清扫积雪的机器就好了。可是怎么才能爬到电线上去，难道是坐飞机拿着扫把扫吗？这种想法提出来之后，大家心里都觉得不切实际。

过了一会儿，又有人通过上面提出的坐飞机扫雪想到可不可以利用飞机飞行的原理，让飞机在电线的上空飞行，通过飞机的旋桨的震动，把电线上的积雪扫落下来。就这样，大家通过联想飞机除雪的点子，又接着发散思维想到用直升机等七八种新颖的想法。就这样仅仅一个小时的时间，参加会议的员工就想到 90 多种解决的办法。

不久公司高层根据大家的想法找到了专家，利用类似于飞机震动的原理设计出了一种类似于"坐飞机扫雪"原理的除雪机，巧妙地解决了冬天积雪过厚，影响通信设备正常工作的问题，还很聪明地避开了采用电热或电磁那种研制时间长、费用高的方案。

从研发除雪机的案例可以看到，这种互相碰撞的能够激起脑袋中的关于创造性的"风暴"，也就是所谓的头脑风暴，英文是brainstorm。虽然其原意是精神病人的胡言乱语，但是通过奥斯本的引用和应用，得到了广泛的发展和实施。

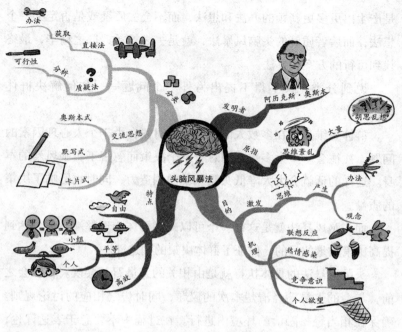

中国有句古话："三个臭皮匠，顶个诸葛亮。"对于那些天资一般的人，如果进行这样的互相补充，一样是可以做出不同凡响的成绩的。也正是奥斯本的头脑风暴的方法，从另外一个角度证明通过头脑风暴这种互相帮助、互相交流的形式，可以集思广益得到不同凡响的效果。

如果我们要用思维导图法来表示的话，头脑风暴法可作为核心词汇放在中间。接下来，作为思维导图的二级分支，头脑风暴法按照不同的性质又可分成不同的类别。按照交流思想的形式可以分成：智力激励法、默写式智力激励法、卡片式智力激励法，等等。

如果按照头脑风暴会议的处理形式分类的话，又可以分为直接和质疑的两种。前者是指在群体激发头脑思维的时候，仅仅考虑的是产生出更多更新颖的办法和想法，而不会去质疑或是否定某一个想法；而后者质疑的头脑风暴法，就是去之糟粕，取之精华，最终找到可行的方案和办法。

说到分类，又不得不提出另外一个问题——如何解决群体思维。

群体思维是指在多数人商讨决策的时候，由于个人心理因素的问题，往往会产生大多数人同意于某个决策而忽视了头脑风暴的本身。这样的话就会大大降低头脑风暴的创造力，同时也影响了决策的质量。

而头脑风暴法就是这样一个可以减轻群体心理弊端，从而达到提高决策质量的目的，保证了群体决策的创造性。

头脑风暴法的具体执行就是由相关的人员召开会议。在开会之前，与会的人员已经清楚本次的议题，同时告之相应的讨论规则。确保在相当轻松融洽的环境内进行。在过程中不要急于表达评论，使大家能够自由地谈论。

激发头脑风暴法的机理

头脑风暴作为一种新兴的思维方式，它又是如何发挥自己的优点，受到众人青睐的呢？通过奥斯本的研究发现，可以得出以下几个因素：

环境因素

针对一个问题，往往在没有约束的条件下，大家会十分愿意说出自己的真实想法，并很热情地参与到大家的讨论中。而这种讨论通常是在十分轻松的环境下进行的。这样的话会更大限度发挥思维的创造性，得到很好的效果。

链条反应

所谓的链条反应是指在会议进行的过程中，往往通过一个人的观点可以衍生出与之相关的多种甚至创新上更加出奇的想法。这是因为人类在遇到任何事物的时候，都会条件反射，联系到自身的情况进行联想式的发散思维。

竞争情节

有时候，也会出现大家争先恐后的发言情况。那是因为在这种特定的环境下，由于大家的思想都十分的活跃，再加上有一种好胜心理的影响，每个人的心理活动的频率会十分高，而且内容也会相当地丰富。

质疑心理

这是另外一个群众性的心理因素，简单地说就是赞同还是不赞同的问题，当某一个人的观念提出后，其他人在心理上有的是认同的，有的则是非常的不赞同。表现在情绪上无非是眼神和动作，而表现在行动上就是提出与之不同的想法。

头脑风暴法的操作程序

首先我们具体说一说如何利用头脑风暴法举行一次思想交流的会议。

1. 准备开始阶段

我们要确定此次会议的负责人，然后制定所要研究的议题是什么，抓住议题的关键。

与此同时要敲定参加会议的人员人数，5~10人为最好。等确认好人数和议题之后，就可以选择会议的时间、场所。然后准备好会议的相关资料通知与会人员参加会议就可以了。

在会议开始阶段，不宜上来就让大家开始讨论。这样的话，与会人员还未进入状态的情况下，讨论的效果不会很好，气氛也不会很融洽。所以我们先要暖场，和大家说一些轻松的话题，让彼此之间有些交流沟通，不会显得生分。

在大家逐渐进入状态后，就可以开始议题了。

此时，主持人要明确地告诉参加会议的人员，本次的议题是什么。

这段时间不要占用得太多，以简洁为主。因为过多的描述在一定程度上会干扰大脑的思考。

之后，大家就可以开始讨论了。

在进行一段时间的讨论后，大家往往会有更多的关于议题的想法，但弊端是，有可能只是围绕着一个方向发散思维。这时主持人可以重新明确讨论议题，使大家在回味讨论的情况下重新出发，得到不同的方向。

2. 自由发言阶段

也叫畅谈阶段。畅谈阶段的准则是不允许私下互相交流，不能评论别人的发言，简短发言等。在这种规定之下，主持人要发挥自己的能力，引导大家进入一种自由的讨论状态。

此外要注意会议的记录。随着会议的结束，会议上提出的很多新颖的想法要怎么处理呢？

以下是一些处理方法：

在会议结束的一两天内，主持人还要回访参加会议的人员，看是否还有更加新颖的想法之后整理会议记录等。然后根据解决方案的标准，对每一个问题进行识别，主要是根据是否有创新性，是否有可施行性进行筛选。经过多次的斟酌和评断，最后找到最佳方案。这里说的最佳方案往往是一个或多个想法的综合。

除了头脑风暴法之外，其实还有很多种类似于这样的优势组合，下面我们就来看另外几种头脑风暴法，即美国人卡尔·格雷高里创立的7*7法、日本人川田喜的KJ法、兰德公司创立的德尔菲法。

而这些方法主要有以下过程：

首先从组织上讲，参加的人员不要太多，5~10人最好，而且参加者不要是同一专业或是同一部门的人员。

而这些与会的人员如何选定呢？不妨建立一个专家小组来进行选定，而这个专家小组不但负责挑选参加会议的人员还要监督会议。

选择参加人员的主要标准：

（1）如果彼此之间互相认识，不能有领导参加，不能有级别的压力。应从同一职别中选择；

（2）如果参加的人互相不认识，那就可以不用考虑同一职位了。但是在会议上不能够透露出来职位大小，因为这样也会造成与会人员的压力；

（3）对应不同的议题，要选择不同程度的人员。而专家组的人员最好是阅历比较丰富、层次比较高的人，因为这样的话，会保证决策结果的可行性高。

下面就具体谈谈专家人员的组成成分：

首先主持人应该是懂得方法论的人，这样会更好地调动会议气氛；参加会议的人员应该是涉及讨论议题领域的专家，这样针对性就会很强；后期分析创新思维的人，应该是专业领域更高级别的专家，他们会从非常专业的角度来客观正确地分析这些想法。最后可以决策最终可执行方案的人，应该是具备更高的逻辑思维能力的专家。

为什么对于专家组的要求这么高呢？那又为什么不同能力的专

家负责不同的事情呢?

这是因为在头脑风暴的会议上,与会者大都是思维敏捷的人。他们往往在别人发言的时候,心里已经开始想到其他的设想了。所以在这种高频率的情况下,需要这种专家的参与,并且能够集大家之长,得到更好的决策。

说完专家组了,再谈谈头脑风暴会议的指挥——主持人。

主持人的要求应该是从他自身敏捷的思维说起。主持人不但要了解和熟悉头脑风暴的程序以及如何处理会议中出现的任何问题,还要能激发大家对议题的兴趣,懂得多用些询问的方法,让大家有种争分夺秒的感觉。

此外,主持人还要负责开场时的暖场,鼓励与会者的发言,引导参加会议的人员往更远更广的地方开始发散的思维,因为只有这样,方案出现的概率才会越大。

值得注意的是主持人的职责仅限于会议开始之初。

因为接下来更重要的工作就是如何记录,如果有条件的话应该准备录音笔,尽量不落下每个细节。

收集上来的想法和观点就可以通过分析组来进行系统化的处理。

系统化处理的流程如下:

(1)简化每一个想法,简言之就是总结出关键字进行列表;

(2)将每个设想用专业的术语标记出关键点;

(3)对于类似的想法,进行综合;

(4)规范出如何评价的标准;

(5)完成上面的步骤之后,重新做一次一览表。

3.专家组质疑阶段

在统计归纳完成之后,就是要对提出的方案进行系统性的质疑加以完善。这是一个独立的程序。此程序分为三个阶段：

第一个阶段：将所有的提出的想法和设想拿出来，每一条都要有所质疑，并且要加上评论。怎么评论呢？就是根据事实的分析和质疑。值得提出的是，通常在这个过程中，会产生新的设想，主要就是因为设想无法实现，有限制因素。而新的议题就要有所针对地提出修改意见。

第二个阶段：和直接头脑风暴的原则一样，对每个设想编制一个评论意见的一览表。主持人再次强调此次议题的重点和内容，使参加者能够明白如何进行全面评论。对已有的思想不能提出肯定意见，即使觉得某设想十分可行也要有所质疑。

整个过程要一直进行到没有可质疑的问题为止，然后从中总结和归纳所有的评价和建议的可行设想。整个过程要注意记录。

第三个阶段：对上述所提出的意见再次进行删选，这个过程是十分重要的，因为在这个过程中，我们要重新考虑所有能够影响方案实施的限制因素，这些限制因素对于最终结果的产生是十分重要的。

分析组的组成人员应该是一些十分有能力而且判断力高的专家，因为，假如有时候某些决策要在短时间内出来的话，这些专家就会派上很大的用处。

关于评价标准，我们先看个案例：

美国在制定科技规划中，曾经请过 50 名专家用头脑风暴的形式举行了为期两周的会议，而这些专家的主要任务就是对于事先提出的关于美国长期的科技规划提出些批评。最终得到的规划文件，其内容只是原先文件的有 25%~30%。由此可见，经过一系列的分析和质疑，最后找到一组可行的方案，这就是头脑风暴排除折中的方法。

此外，值得我们注意的是，影响头脑风暴实施的因素还有时间、费用以及参与者的素质。

此处可作为思维导图的二级分支。头脑风暴成功的关键是探讨方式以及放松心理压力等。要在一个公平公正的情况下，才能有无差别的交流，思想碰击也就更大了。

首先，与会者能够在一个公平公正的前提下进行交流，不要受任何因素的影响，从各个方面进行发散式的思维，可以大胆地发言。

其次，就是不要在现场就对提出的观点进行评论，也不要私自交流。要充分保证会议现场自由畅谈的状态，这样与会的人员才能够集中精力思考议题，能够得到更多的想法。

再次，不允许任何形式的评论，因为评论会抑制其他人的思维发散，从而影响整个会议的发展趋势。可能有些人会谦虚地表达自

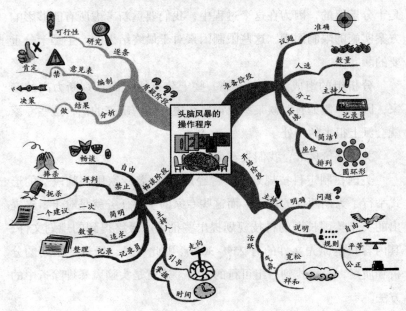

己的意思，但是一旦受到质疑，就会造成发言人的心理压力，得不到更多的提议了。

最后，就是在头脑风暴的会议上一定不要限制数量。本着多多益善的原则，在不评论的前提下都留到最后进行分析。这样数量越多，质量也就会提高，这是一个普遍的道理。

头脑风暴法活动注意事项

参与会议的人员需要注意以下事项：

（1）要对整个会议进行初步的设想，对于你要参加的议题要有所了解。不要觉得你的发言就能得到所有人的赞同。

（2）不要对参加会议的人员有个人情绪，对每个人的发言都要公平，不要以个人的原因而去质疑或是指责别人的想法。

（3）为了使与会者不受任何的影响，最好在一个十分安净的房间内举行会议，使大家不受外界因素的干扰。

（4）要对自己有心理暗示。你的提议不是没有用的，恰恰相反，也许正是你的提议成为最后的决案。

（5）假如你的提议没有被选中或是得不到别人的认同，也不要失落，不要去坚持。把它看作是整个头脑风暴的原材料。

（6）在你思考了一段时间后，很有可能你的脑力已经坚持不住了。你可以选择出去散步，吃点东西等，缓解自己的这种压力，从而整理思绪重新参与到团队中来。

最后，要学会记笔记，因为有些细节很可能在你听的时候就遗漏掉了，所以用笔记录是十分重要的步骤。千万不要忽略了这一步。

以上即是进行头脑风暴法的注意事项，如果想使头脑风暴保持高的绩效，必须每个月进行不止一次的头脑风暴。

　　头脑风暴思维法为我们提供了一种有效的就特定主题集中注意力与思想进行创造性沟通的方式，无论是对于学术主题探讨或日常事务的解决，都不失为一种可资借鉴的途径。

　　学会如何进行头脑风暴，可以帮助我们激发自身的创造力，把我们的最好的创意变成现实，并享受创新思维的无限乐趣，让生活更有意义。

第三章
改变始于自己

以"己变"应万变

对于每一件事物，我们都应该首先去认识事物的性质和特点，然后再根据实际情况来调整改变自己的思路和行为方式。只有如此，我们才能在顺应事物变化的同时，驾驭变化，走向成功。

现代社会，瞬息万变。如果我们的思维不能顺时而变、顺势而变，那么生存的空间可能就会很小。

动物学家们在做青蛙与蜥蜴的比较实验时发现：

青蛙在捕食时，四平八稳、目不斜视、呆若木鸡，直到有小虫子自动飞到它的嘴边时，才猛地伸出舌头，粘住飞虫吃下去。

之后，它又开始那目不斜视的等待。看得出来，青蛙是在"等饭吃"。而蜥蜴则完全不同，它们整天奔忙在私人住宅区、老式办公楼、蓄水池边等地方，四处游荡搜寻猎物。一旦发现目标，它们就会狂奔猛追，直到吃到嘴里为止。吃完后，它们在略事休息，喝口水后，就整装待发，又去"找饭吃"了。

我们不妨将青蛙与蜥蜴的捕食方法当作两种不同的处世风格。

青蛙的捕食方法也有可能会吃饱，但它对环境的依赖性过高，不能对随时变化的环境做出迅速的反应，池塘一旦干涸了，青蛙也就消失了；而蜥蜴的方法却很灵活，它们能够快速适应变化了的环境，所以，即使这一片池塘干涸了，蜥蜴仍能够活跃在另外一个池塘边。

曾有一位哲人说过："如果你不能阻止环境的变化，那么就改变自己，去适应它吧。"

改变了自己，相当于为自己提供了更多的生存机会，为职场发展扫除了诸多障碍，为事业的成功增添了砝码。

1930 年，日本初秋的一个清晨，一个只有 1.45 米的矮个子青年从公园的长凳上爬了起来，徒步去上班，他因为拖欠房租，已经在公园的长凳上睡了两个多月了。他是一家保险公司的推销员，虽然工作勤奋，但收入少得甚至租不起房子，每天还要看尽人们的脸色。

一天，年轻人来到一家寺庙向住持介绍投保的好处。老和尚很有耐心地听他把话讲完，然后平静地说："听完你的介绍之后，丝毫引不起我投保的意愿。"

"人与人之间，像这样相对而坐的时候，一定要具备一种强烈吸引对方的魅力，如果你做不到这一点，将来就不会有什么前途可言……"

从寺庙里出来，年轻人一路思索着老和尚的话，若有所悟。接下来，他组织了专门针对自己的"批评会"，请同事或客户吃饭，目的是请他们指出自己的缺点。

"你的个性太急躁了，常常沉不住气……"

"你有些自以为是，往往听不进别人的意见……"

"你面对的是形形色色的人，必须要有丰富的知识，所以必须加强进修，以便能很快与客户找到共同的话题，拉近彼此之间的距离。"

…… ……

年轻人把这些可贵的逆耳忠言一一记录下来。每一次"批评会"后，他都有被剥了一层皮的感觉。通过一次次的"批评会"，他把自己身上那一层又一层的劣根性一点点剥落。

与此同时，他总结出了含义不同的39种笑容，并一一列出各种笑容要表达的心情与意义，然后再对着镜子反复练习。

年轻人开始像一条成长的蚕，随着时光的流逝悄悄地蜕变着。到了1939年，他的销售业绩荣膺全日本之最，并从1948年起，连续15年保持全日本销售量第一的好成绩。1968年，他成了美国百万圆桌会议的终身会员。

这个人就是被日本国民誉为"练出价值百万美金笑容的小个子"被美国著名作家奥格·曼狄诺称为"世界上最伟大的推销员"的推销大师——原一平。

"我们这一代最伟大的发现是，人类可以由改变自己而改变命运。"原一平用自己的行动印证了这句话，那就是：有些时候，迫切应该改变的或许不是环境，而是我们自己。

有时想一想，顿觉人生如钓鱼。如果你固守在一个位置，用一套渔具、一个方法来钓，也许可以偶尔钓上来一条，但不会钓到大鱼，更不会有许多鱼上钩。

钓鱼的设备和方法要随着不同情况而有所改变。钓不同的鱼要用不同的鱼饵、不同长度的线；即使钓同一种鱼，依季节的变化，方法也不相同。鱼不会听从人的安排而上钩，但想钓上它来，就必须改变自己，以你的方式适应鱼的习性。

世界上的任何事情都不会完全按照我们的主观意志去发展变化。我们要获得成功，就首先得去认识事物的性质和特点，适时地调整自己。如果我们想当然地凭自己的想法去办事，就会像钓鱼不知道鱼的习性一样，注定要徒劳无功。

所以，做一切事、解决一切问题，我们都必须随着客观情况的变化而不断地调整自己，不断地采取与之相适应的方法，做到以"己"变应万变，才能够在职场上立足，使自己的职业之树常青。

对此，你可以运用思维导图，针对自己的现状，画出你身上的优秀品质，以及需要改变和调整的地方。

谁来"砸开"这把"锁"

曾有这样一个故事，讲的是一个技术精湛、手艺高超的开锁专家，号称没有他打不开的锁。

于是镇里的人想捉弄一下这位专家，将他关在一个注满水的箱子里，并上了一把锁，请这位开锁专家表演"水中逃生"。

专家费了九牛二虎之力，用尽了所有的开锁方法，也没能将锁打开。为了不出生命危险，专家不得不认输，才得以将头探出水面换一换气。

看了专家表演的人无不哈哈大笑，原来，那把锁根本就没有锁死，只需轻轻一拉便可以打开了。

有些人读了这个故事只会淡然一笑，如果你能够读出故事背后的深意会更好。

为什么开锁专家没能打开这把未锁死的锁呢？其实，在他的头脑里已经存在了一把更为顽固的锁，使得他不会从另外一个角度去思考问题、解决问题。

那么，我们的头脑中是否也存在着各式各样的锁呢？

答案是肯定的。生活的习惯、传统的观念、定式的思维、专家权威的意见、对困难的畏惧，还有许许多多的锁，锁住了我们的思想，锁住了我们的智慧。

我们又应该怎么办呢？由谁来"砸开"这把"锁"？

答案是：自己。

创新，就需要有质疑的精神，敢于说"不"，只有敢于质疑，才能打开心头那把锁，才能开拓创新。

刚刚毕业不久的大学生敢于对权威企业咨询公司的调查结果说"不"，这是何等的胆量，随后，按照自己拟定的计划使企业走出困境，这又是何等的大智慧。这些，在杨少锋身上体现得淋漓尽致。

2002 年秋季，在中国移动的强力阻击下，中国联通 CDMA 的销售在全国范围内陷入了历史性低谷。从 5 月份进入福州市场，到 11 月份 CDMA 销量才达 2 万多用户，其中数千部还是靠员工担保送给亲朋好友的。

与国内其他城市相比，这个成绩实在是拿不出手。联通本来是委托全球著名的一家专业咨询策划公司做的策划方案，但是根据这一方案在近一年内投进去的大量广告费都未起作用。

当时杨少锋所在的广告公司正在为福州联通做策划方案。当杨少锋看过那家全球著名策划公司的方案后，得出了四个字——"不切实际"。

被他评述为"不切实际"的公司成立于 20 世纪 20 年代，在全世界拥有 70 多家分支机构，是被美国《财富》杂志誉为"世界上最著名、最严守秘密、最有声望、最富有成效、最值得信赖和最令人仰慕的"企业咨询公司。

年仅 24 岁、大学刚毕业两年的杨少锋，竟然斗胆否定了这家公司的方案！因为他自己已经有了一套完整周密的营销计划。中国联通福建省公司的领导经再三权衡后，还是接受了他的计划。

杨少锋计划的最重要一步，就是提高 CDMA 在福州的认知度。他认为，通过媒体重新对 CDMA 进行包装是最好的渠道。之后，他们在报纸、电视等媒体上大量投放广告，使 CDMA 具备了极高的认知度。他紧接着开始了营销计划的第二步——公开"手机不要钱"的概念。通过赠送 CDMA 手机，使联通打下了坚定的市场基础。

杨少锋的方案获得了成功，因为根据用户与联通签订的协议，这批用户两年内将给联通带来将近 7000 万元的话费收入。

这一成就源于杨少锋突破了头脑中的那把锁，没有被传统观念和专家权威所束缚。这也说明了：只要能够"砸开"那把"锁"，更加实事求是，更加熟悉市场走势，就能够更好地开拓创新思路，做出一番不凡的成绩。

用"心"才能创"新"

总听到有人抱怨自己时运不佳，找不到任何开拓创新的时机。当看到别人有所成就时又会悔恨不已，殊不知别人的"新"是用"心"换来的。

凡事只有用心去做，才会激发出更多的智慧和想法；只要用心去做，就不会存在难以逾越的困境，创新就不是一件难事了。

日本是个服装王国，而独立公司则是这个王国中一颗格外耀眼的新星。独立公司不生产高档时装和名牌服装，而是独树一帜，专门为伤残人设计和生产各种服装，因此才在日本服装业占据了一席不可缺少的位置。

独立公司的老板是一位残疾妇女，名叫木下纪子。过去她经营过室内装修公司，而且在该行业颇有名气。

可是就在事业一帆风顺的时候，一场意外的疾病——中风，给了木下纪子毁灭性的打击。她的左半身瘫痪了。木下纪子痛苦过、颓废过，觉得再没什么希望了，甚至还想过自杀。

但是当她从极度痛苦中摆脱出来、冷静思考时，理智和意志终于占了上风："必须振作起来，不能让这辈子就这样了结！"

　　然而，对于一个瘫痪的残疾人来说，要做成事业实在太难了。就拿穿衣服来说吧，这是每天必做的极小的一件事，而木下纪子却要非常吃力地花上数分钟或更长时间。"难道就不能设计出一种让伤残人容易穿脱的服装吗？"一个全新念头突然产生。一种要为和自己有同样遭遇的人解除不便的渴望重新燃起了木下纪子的事业心。

　　就这样，木下纪子根据设想和以往的经营管理经验，创办了世界上第一家专为伤残人设计和生产服装的公司——独立公司，专门产销"独立"牌服装。特意取"独立"这个名字，不仅向人们宣告伤残人的志愿和理想，同时也说出了木下纪子的心声——要走一条独立自主的生活道路，这是一个强者的选择。

　　独立公司开张后，生意非常兴隆，因为它确实抓住了一部分特殊人群的需要，找准了市场空当，更因为木下纪子是用一颗心来做这个事业的，每一点都可以体现出她的用心之处。木下纪子设计的服装看上去很普通，甚至不像伤残人穿的服装，而有点儿像时装。

　　对此，木下纪子有她的见解：伤残人很容易失去信心和勇气，服装的款式、面料及色彩讲究一些，不但能使伤残人穿着方便，也能增强他们的信心。更为重要的是，爱美之心人皆有之，伤残人何尝不想穿得漂亮一点！

　　木下纪子不仅是个意志刚强的女人，而且是一位具有发展眼光的企业家，她要把"独立"牌服装打进国际市场。这一计划不但得到了日本政府的支持，同时还得到了国外友人的帮助。后来，木下纪子与美国一家同行组成一个合资公司，在美国生产和销售"独立"牌服装。就连艾威琳·肯尼迪这位名门望族的后裔，也远道而来，与木下纪子协商业务合作事宜。为了扩大出口，日本政府还以政府的名义出面帮助木下纪子在美国、加拿大和澳大利亚等国举办独立公司的大型展览会。通过这种展览、展销，独立公司在国外迅速名噪一时，木下纪子的事业走向了辉煌。

木下纪子是个有心人，更是用心人。"残疾人"的身份使她更能设身处地去为客户着想，因为她的用心，才把事情做到了细微之处，同样因为用心，她才把事业做得伟大。

生活中并不缺乏创新的机遇，而是缺乏用心之人。只要你用心地去观察、去思考，就一定能够抓住创新的良机。

没有解决不了的问题，只有还未开启的智慧

工作中，我们总会碰到各种各样看似无法解决的问题。这些问题就像拦路虎，挡住了我们的去路，使我们战战兢兢，不敢前行一步。也许我们努力了，但还是无法成功，于是更多的人选择了放弃，并安慰自己：算了吧，这是一个解决不了的问题，我还是不要再浪费时间了吧。

但是，问题真的解决不了吗？情况似乎并不是这样的。

詹妮芙·帕克小姐是美国鼎鼎有名的女律师。她曾被自己的同行——老资格的律师马格雷先生愚弄过一次，但是，恰恰是这次愚弄使詹妮芙小姐名扬全美国。

一位名叫康妮的小姐被美国"全国汽车公司"制造的一辆卡车撞倒，司机踩了刹车，卡车把康妮小姐卷入车下，导致康妮小姐被迫截去了四肢，骨盆也被碾碎。康妮小姐说不清楚是自己在冰上滑倒摔入车下，还是被卡车卷入车下。马格雷先生则巧妙地利用了各种证据，推翻了当时几名目击者的证词，康妮小姐因此败诉。

绝望的康妮小姐向詹妮芙·帕克小姐求援，詹妮芙通过调查掌握了该汽车公司的产品近5年来的15次车祸——原因完全相同，该汽车的制动系统有问题，急刹车时，车子后部会打转，把受害者

卷入车底。

詹妮芙对马格雷说："卡车制动装置有问题，你隐瞒了它。我希望汽车公司拿出 200 万美元来给那位姑娘，否则，我们将会提出控告。"

老奸巨猾的马格雷回答道："好吧，不过，我明天要去伦敦，一个星期后回来，届时我们研究一下，做出适当安排。"

一个星期后，马格雷却没有露面。詹妮芙感到自己是上当了，但又不知道为什么上当，她的目光扫到了日历上——詹妮芙恍然大悟，诉讼时效已经到期了。

詹妮芙怒气冲冲地给马格雷打了电话，马格雷在电话中得意扬扬地放声大笑："小姐，诉讼时效今天过期了，谁也不能控告我了！希望你下一次变得聪明些！"詹妮芙几乎要给气疯了，她问秘书："准备好这份案卷要多少时间？"

秘书回答："需要三四个小时。现在是下午 1 点钟，即使我们用最快的速度草拟好文件，再找到一家律师事务所，由他们草拟出一份新文件，交到法院，那也来不及了。"

"时间！时间！该死的时间！"康妮小姐在屋中团团转，突然，一道灵光在她的脑海中闪现，"全国汽车公司"在美国各地都有分公司，为什么不把起诉地点往西移呢？隔一个时区就差一个小时啊！

位于太平洋上的夏威夷在西区，与纽约时差整整 5 个小时！对，就在夏威夷起诉！

詹妮芙赢得了至关重要的几个小时，她以雄辩的事实、催人泪下的语言，使陪审团的成员们大为感动。陪审团一致裁决：康妮小姐胜诉，"全国汽车公司"赔偿康妮小姐 600 万美元！

像这个故事一样，寻找解决问题的方法虽然不很容易，但方法总是有的，只要我们努力地思考。工作中的难题也是这样。所以在工作中，如果我们遇到了难题，就应该坚持这样的原则：努力找方法，而不是轻易放弃。

对于通过思索以寻找解决问题方法的重要性，许多杰出的企业家都深有体会。比尔·盖茨曾说："一个出色的员工，应该懂得：要想让客户再度选择你的商品，就应该去寻找一个让客户再度接受你的理由。任何产品遇到了你善于思索的大脑，都肯定能有办法让它和微软的视窗一样行销天下的。"

洛克菲勒也曾经一再地告诫他的职员："请你们不要忘了思索，就像不要忘了吃饭一样。"

只要努力去找，解决困难的方法总是有的，而这些方法一定会让你有所收益。

方法总比困难多

在蒙牛集团，有这样一副对联："只要精神不滑坡，方法总比困难多。"这是一种无所畏惧的信念，也是一种工作指导方针。

牛根生说："在一个单位，不管是领导还是员工，只要有着这样的精神，有什么困难不能克服，有什么问题不能解决呢！"

相信不少人对 2003 年上半年的"非典"仍然记忆犹新，它带给我们的不只是对"SARS"病毒的恐慌，对我国的企业也是一种前所未有的冲击和考验。

虽然炎炎夏季来临，但冰激凌市场似乎依然冻结在"冰点"。不必说"吃冰激凌不利于预防'非典'"的传言，也不必说店铺纷纷关门，单论大街上锐减的人流，对于随意消费、冲动购买型的产品冰激凌来说，命运多舛就是注定的。

4 月下半月，冰激凌整体销量急剧下滑。一些小厂相继关停。

　　但自古"危机"就具有双面性，对退缩者而言是坟墓，对进取者而言是天堂。乱"市"出英雄，旧的市场格局每动乱一次，行业格局就调整一次。蒙牛却在此期间打了一场胜利的营销仗。它在三个方面采取了"与众不同"的措施。

　　或者说，在蒙牛的决策层里早已形成了一幅制胜的思维导图。

　　1. 转移阵地，开辟"第二渠道"。

　　食品一旦走出工厂，最基本的营销法则就是到"嘴多"、"胃多"的地方去。既然"非典"把人们逼到了社区，那么，社区就是最佳的"卖场"。

　　阵地变了，策略跟着变。蒙牛冰激凌紧急调整部署，在社区发展经销商、发展售点。同时，改换包装形式，根据人们在"非典"期间不愿打开包装而愿整箱购买的现状，发展家庭装、组合装。结果领先一步，"抢位"成功。

　　许多社区都打出了"不让'非典'进社区"的口号，蒙牛冰激凌何以出入社区？两个字：中转。到了小区门口，打个电话到里面，只交流货，不交流人。

　　2. 密播广告，强化"品牌经营"。

　　进入五月份，冰激凌市场萎靡不振，许多在中央电视台播放广告的强势品牌不愿再做"守望者"，纷纷撤片。连2002年销量第一的某冰激凌品牌，大概也不堪重负，同样撤下了在央视播放的广告。

　　销量第二的蒙牛却反其道而行之，不但不撤广告，甚至加大了播出密度，如在央视一套《走向共和》每晚三集剧前（这是央视一套第一次采取三集连播方式），蒙牛冰激凌广告与液体奶广告双双雄飞，集集不落，各出现三次，气势逼人；同时在全国15家卫视联播中也加大了播出密度。

为什么这样做？因为"非典"将人们堵在家里，电视成为联系外界的主要窗口，正是品牌传播的好机会。如果别人都撤了广告，那又平添了一样好处：品牌的相互干扰减少。

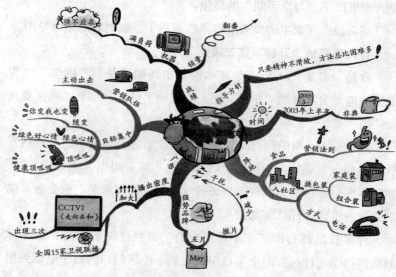

3. 众志成城，采取"播种行动"。

时任蒙牛冰激凌销售部长的赵全生说："非典"到来，有的冰激凌品牌选择了放弃，业务员放假的放假，观望的观望。蒙牛的营销队伍却选择了"播种"，戴上口罩，主动出击。

在产品结构调整上，放弃三类，淡化二类，主攻一类。由于目标集中，聚焦收效，"随变""绿色心情""顶呱呱"等产品，随着"你变我也变""绿色好心情""健康顶呱呱"的宣传主题，一路畅销。

有无相生，长短相形，祸福相依。只要精神不滑坡，方法总比困难多。全国市场一会儿这里燃起一团火，一会儿那里燃起一团火，众人拾柴火焰高，"冰点"化作了"沸点"，蒙牛冰激凌5月份的销量比上年同期翻了一番，工厂所有机器满负荷运转，仍然供不应求，一再断货。6月份销势更猛。

坚信"方法总比困难多"，能够增强我们战胜困难的信心，还能激发出我们的创造热情。许多成功者回忆走过的艰难路途时都表示，就是因为有了"方法总比困难多"这一信念的支撑，才有了他们今日的成就和辉煌。

让大脑迸发创意的火花——灵感

生活中，也许你会遇到这样一种情况：一个难题难住了你，你也使用了吃奶的力气去寻找解决的办法，但是结果一点儿收获都没有。

你垂首丧气、疲惫不堪，就在决定放弃的时候。意想不到的事情出现了，呀，你猛地抬起头来，双眼圆睁，啊哈！你突然意识到，你已经撞到了解决问题的答案——灵感。

法国著名画家毕加索曾说："艺术家是一个容器，他可以容纳来自四面八方的感情，可以是来自天上的，地下的，来自一张碎纸片，也可以是来自一闪即过的形象，或是来自一张蜘蛛网。"毕加索说的，就是创意的火花——灵感。

灵感指的是当人们研究某个问题的时候，并没有像通常那样运用逻辑推理，一步一步地由未知达到已知，而是一步到位，一眼看穿事物的本质。

神话传说中的灵感是缪斯女神对凡间诗人的赐予。如此说来，灵感似乎是神赐之物，它来自外部。或许某些发挥创造力的人在某些情况之下会认为自己的灵感的确是来自外部，但冷静地分析下来，大部分的情况并非如此。一个人灵感"来"的时候，会达到一种极度专注的境界，这可能是外在事物带来的一种刺激，但绝非拜神所赐。

著名的诗《忽必烈汗》是英国浪漫主义诗人柯勒律治从一次梦中得到的启示，醒来之后即刻写下来，直到一位访客到他家拜访，打断了他的思绪，这首诗后来就写不下去了。

现代英国诗人豪斯曼曾生动地描述他创作一首诗的灵感过程。他写作时习惯在住家附近的英国乡下散步，他说：在途中，这首诗的其中两段就来到我脑中，跟后来出版的一字不差。喝完下午茶之后，稍作努力，第三段也跟着来了。但还差一段，就是来不了，那一段我还得费事自己写呢。

著名作家赖声川的舞台剧《在那遥远的星球，一粒沙》的故事也是他做梦梦到的，半夜醒来，逼自己起床写下来。最后完成的剧本跟那天半夜的笔记相差甚少。

豪斯曼说那些词句"就来到我脑中"到底是什么意思？从哪里来？赖声川说《在那遥远的星球，一粒沙》的故事是"做梦梦到的"，那故事又是从哪里来的？难道空气中某处真的存在一间大仓库，里面装满故事、诗、音乐、画、各种发明和创意点子供创意人取用？谁能走进这间仓库？去哪里办通行证？还是真的有"缪斯"，我们可以培养她们，随时请求她们从空气中传递创意构想和执行方法给我们？

其实灵感的产生没有那么玄。灵感的产生与我们的内在需求相呼应。针对创意题目，灵感提供可行的答案和方向。

以豪斯曼及赖声川为例，这是很明确的。以柯勒律治为例，我们无法确定他是否一直想写一个异国情调的浪漫诗，或者是否一直对蒙古帝国感兴趣，但灵感在他身上产生的时候，并不是以无法辨认的密码形式出现的，它是可理解的，并且应当是针对他意识中或潜意识中所关心的题目而来的。

　　换句话说，当你苦思一个创意题目时，来的灵感是针对这个题目的。万一是另一个题目的答案来到心中，这题目必定也是在自己意识或潜意识中浮现过的。

　　灵感的逻辑很难捉摸。当灵感来的时候，它可能出现的面貌好比说是"A"，但它带来的联想未必是"B"，很可能是"C"，而从"C"未必顺理成章到达"D"，可能直接跳到结论"Z"。

　　所以说，当我们看到"A"突然联结到"Z"，不了解整体情况的人会觉得毫无道理，所以看不懂，认定是神秘而不可分析的。但跳跃的逻辑也是一种逻辑，道理自然存在于它发生的过程中。

　　为什么在某一时刻，思考者会对某样东西或某件事物产生一种新的视角，看到新的可能性，知道如何组合、清楚地排列到心中？虽然灵感的发生充满神秘色彩，但不管多么随机、庞大、复杂，灵感发生的方式确实有其脉络可循。

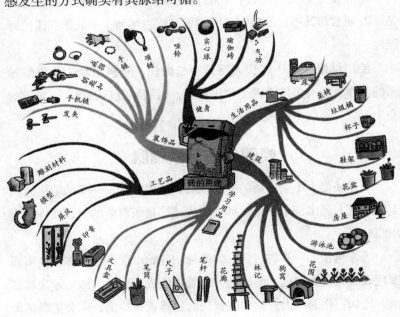

这些用途都可以在思维导图中很好地表示出来（见上图）。

不知你尝试过每个月至少读一本自己并不感兴趣的书没有？你只有在阅读过程中受到新的影响，才能得到新的想法。

爱因斯坦曾说过："我日复一日、年复一年地不断思考，99次的结论都是错误的，但第100次我是正确的。"很多灵感在刚产生的时候就被扼杀了，没经过任何考验，因此，它们仅仅是灵感而已。

还有很多灵感在实现过程中由于种种原因失败了——每次当你想出一个新创意时，你一定能听见很多关于失败的例子。

如果你想有所收获，你必须敢于尝试新事物。要想成功，你必须敢于面对失败。事实上，如果你想让你的灵感得到生长，来一点儿小小的疯狂是会有所帮助的。

提倡使用思维导图进行创意性工作，其中一个最大的好处就是激发创意和灵感，加强和巩固构思过程，增加了生成新想法的可能性。

使用思维导图还能让人感到轻松愉快、充满幽默，使思维导图的制作者极有可能游离于常识之外，因而导致新创意——灵感的产生。

唤醒你的艺术细胞

当你还是个不会讲话的婴幼儿时，如果拿到了一支蜡笔，你马上能在纸上画出一个痕迹。那个痕迹或许是条弯曲的线，或许是个不圆的圆。

等你再长大一些的时候，你的画中开始出现肖像，你往往用圆圈代表眼睛或者嘴巴。渐渐地，随着你的成长，你的画也越来越复杂。比如，你的画上开始出现长长的胳膊长长的腿，你会把眼睛画得又大又圆，你还会给衣服画上漂亮的扣子。再后来，你开始用图画向别人讲自己的故事，比如，你会画一张全家福，一家人很开心地手拉着手。

每个人天生就是艺术家。只是你没有发现这种与生俱来的艺术天赋罢了。然而一旦将它激活，你就会成为一个善于创造，有胆量，自我表现力很强的人。你的朋友们会觉得你很有趣，因为你总是能带给大家惊喜。

人的大脑拥有无穷无尽的创造力，而帮助你唤醒这种能力的不是别的就是绘画！在绘画的过程中，你还将学会用不同的方法看事物和解决问题，并使用这种特殊的语言来表达自己！

对于艺术来说，想象力是不可缺少的因素之一。

正像亚里士多德所说的那样，如果要想从事创作工作，就必须有想象的才能。更重要的一点是，我们从事某项艺术所取得的创作成果取决于所使用的方法，比如，当我们在听音乐的时候，只需处于一种非常有利于想象的环境之中。

我们习惯了从左向右的阅读顺序，习惯了从上到下地打量事物，所以，当原本熟悉的东西忽然颠倒着出现在你面前时，你几乎认不出它。这是因为熟悉的事物颠倒过来就会看起来不一样。我们会自动为感知到的事物指定上、下和两边，并且期望看到事物像平常那样，即朝正确的方向放置。因为当事物朝正确方向放置时我们能够认出它，说出它们的名字，并把它们归类到与我们存储的记忆和概念相符合的类别中去。

下面我们来进行一项练习——颠倒着作画。

请你选择眼前的任何一幅人物画作为参考，并把它颠倒过来。然后拿起你手中的笔进行作画。

你将需要：

（1）任意一幅人物画作；

（2）已经削好的 2B 铅笔；

（3）画板和遮蔽胶布；

（4）四分钟到一个小时不受打扰的时间。

不过，在作画过程中，你可以放些喜欢的音乐。但当你逐渐转换到右脑模式，会发现音乐渐渐消失了。坐着完成这幅画，至少给你自己四分钟的时间——有可能的话越多越好。最重要的是，在你完成之前绝对不要把画倒过来改。把画倒过来将会使你回到左脑模式，这是我们在学习体验集中的右脑模式状态时需要避免的。

你可以从任何一个部位着笔——底部、任何一边或顶部。大多数人趋向于从顶部开始。尝试不去弄清楚你看到的颠倒的图像是什么，不知道更好。仅仅复制那些线条就可以了。在这里还是要提醒你：别把图画放回原来的模样！

你最好先别尝试画形状的大概轮廓，然后把各个部分"填进去"。因为如果你画的轮廓有任何细小的差错，里面的部分将会放不进去。绘画的其中一个巨大乐趣是发现各个部分如何相互适应。所以，你可以尝试从一个线条画到相邻的线条、从一个空间画到相邻的空间，兢兢业业地完成自己的作品，在作画的过程中把各个部分组合起来。

如果你习惯自言自语，请只使用视觉语言，如"这条线是这样弯的"，或"这个形状在那是弯曲的"，或"与（垂直的或水平的）纸边相比，这个角度应该这样"等等。你千万不能说出各个部分的名称。

当遇到把名称硬塞给你的部分时，试着把注意力集中在这些部分的形状上。你也可以用手或手指遮住其他部分，除了你正在画的线条，然后露出下一条线。以此类推，再转到下一个部分。

　　为了画好你眼前的这幅画，记住你需要知道的每件事。为了让你觉得简单，所有的信息就在那。别把这个任务复杂化了。它真的是易如反掌的一件事。

　　好了，说了这么多，现在开始画吧。

　　完成作画之后，你会发现有悖于常识的是倒着画的作品比正着画的作品好得多！

　　瞧！你也能作画，并且画得很好，不是吗？所以现在开始不要再对任何人说"我不会画画"或"我没有学过美术"之类的话了，因为艺术家有时就像个孩子，就像曾经的你，可以比任何人都更富有创造力，比任何人都更富有分析力。

　　我们还可以通过唱歌、做玩具、用碎布拼画等活动来唤醒自己的艺术细胞，也许有一天，你会听到他人的称赞："嗨，你挺有艺术灵感的！"